Niche Life
With
Niche Perfumes

唯有香如故

颂元 / 著

海峡出版发行集团 | 鹭江出版社
THE STRAITS PUBLISHING & DISTRIBUTING GROUP | LUJIANG PUBLISHING HOUSE

2016年・厦门

推荐序 1

一本香水书的野心

By 汤涌（熊太行）
《博客天下》出版人 / 主编

颂元的文字格局很大，尽管她谈论的是一门指掌之间的学问。

一本香水书，到最后几句话才谈到格调、品位，带了一点商品学的色彩，把事物分成几类，打出一个坐标。如果把它当工具书，似乎有点动作太慢。

想想看，大学时候好的选修课老师都是这样，最后几堂课告诉大家，我们可能考点什么，此前，他就要带着大家入门，而兴趣是最好的老师。讲这个领域的掌故，讲老师的经历，一路如何走过，可能比逼着每个人把要点背下来要酷得多。

颂元就是这样的一位选修课老师，她把书稿给我的时候，说："我把我最好的几年交在你手里了。"

颂元本人的经历就是这本闻香书的暗线，她行走在欧洲、东南亚、海峡两岸，经历着各种人生。香水的学问来自西洋，没有丝毫传统领域装神弄鬼的风气。她说了很多心里话，有得意，有失落，将香水的故事随性娓娓道来。

说来惭愧，我对香水一窍不通，我对气味的见识永远停留在油盐酱醋豆瓣辣椒桂皮糖酒的阶段，但嗅觉是人类最古老的感觉，记得当年考心理咨询师的时候，老师提到控制嗅觉的那部分大脑是非常原始的部分，这可能也是它能直通人心的原因。

颂元的文字也是奔着人心去的。我经常说，好的文字不是进入人耳朵里，甚至不是进入人心里，而是要给到别人的嘴上。她这本书帮助读者成长为好的香水评论者，至少是好的谈论者，真正的爱好者则会由此开始自己的探索，在他们今后的世界里，不同的香水、不同的气味、不同的材质，也将和自己的人生，无论波峰波谷，紧紧相连。十万个读者，就有十万个关于香水的故事。

我非常喜欢颂元的文字，有时候也很嫉妒一位创业公司 CEO 为什么会有这么强的笔力。她把调皮的老先生比作贾宝玉，你能看出她童心迸发；寻访已经去世的老学长那段细节，则有着魏晋风流士人的风骨；看她写忠孝公园那一刻的失意和绝望，你会忍不住想拍拍这姑娘的脑袋，告诉她，没事了，都会好的。

但她很快又转回自己的节奏，香水会把她拉出来——香味，就是人生的秩序和规则吧。

她的文字是用气味来构筑世界的，而我喜欢试图构筑世界的人，因为他们有野心。

我重说，因为，我们有野心。

爱与自由，就是人生的两大野心。两者兼得，可能就是人类最大，也是最永恒的野心了。

读完它，快，然后你简历的“爱好”一栏就再也不用写国民三大好——读书、看电影、旅游——了。

推荐序 2

目前，中文领域
仅此一人

By 傅杰妮
O D'HORA 时光馥 创始调香师
（法国格拉斯香水学院首位中国毕业生）

创作，一半来自安放情感的表达需要；另一半则像条无意又有意的抛竿之线，牵寻那些或能读懂的灵魂。

懂得解析香水的不乏其人，而能在说出原料基础上懂得“香料并不重要”；能将一整瓶 Glorious 喷洒在王尔德墓地上；能为识香跑去欧洲见调香师；能将自己的岁月与这份热爱交融，写出人生的诗意与真实，不多，可以说目前中文领域就这么一个。

很庆幸，她多年的积累终结成集，将香水以一种更贴近生命的方式分享于世人。

香水，是一门艺术。调香师与画者、作家、音乐人类似，他们的作品成活于懂得欣赏的“眼睛”和心灵里。从这个角度来看，书里那些香水作品跨过了时间与地理的界限，被真诚地理解和运用，它们背后的创作者们理当欣慰。作为一名年轻的中国调香师，我庆幸有此优秀识香人的存在，高山流水，也是对自己创作精益求精的鞭策。

目　录

【欧罗巴】

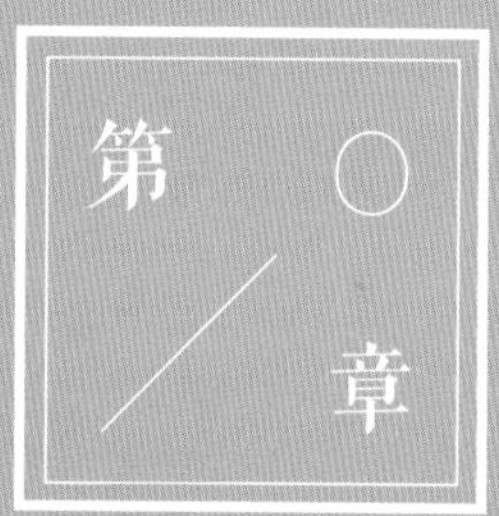
第〇章

交代一下，写这本带香气的随笔集，一方面是想介绍一些精致而不为人知的沙龙香品牌，给各位开启一个除香奈儿、迪奥、娇兰等大牌之外的全新香水世界；另一方面，这几年遇到一些跟香味有关的小故事，读到一些有爱而温润的诗文，迫不及待地想用铅字跟大家分享。

第〇章

人到底为什么要用香水

我与香水结缘是在2006年。当时参加了一个小型的调香沙龙，自己动手调香，那时立刻对这种多一毫、少一毫都味道立马大不同的嗅觉玩乐形式产生了浓厚的兴趣；同一年，还在上大学的我做起了香水贸易，知道了很多香水作为一种艺术形式之外更商业化的东西；2007年开始，我在北大未名BBS上写的香水文集成为关注度颇高的情感艺术类专栏，也成为有情操计算机系技术宅的流连之地；后来，我在当时还属于纽约时报集团旗下的生活原创类网站——阿邦网about.com.cn做起了香水专栏作者。

至此，跟香水的缘分就这么结下了。

一转眼8年过去，专栏文章不过寥寥500篇。我自己却经历了大学毕业、离职创业、留学念书、回国再次创业的不断折腾。好在对香水的认识和使用习惯也在这8年中不断变化，不断变得更挑剔，不断发掘新的嗅觉鉴赏本领。

还记得我的第一瓶香水是老妈送我的迪奥“真我”，直到现在，只要我用“真我”，我们家的狗都能在我抵达单元门口的时候从四楼开始叫唤；爱情里我收到的第一瓶香水则是范思哲的“粉红牛仔”，祝愿我在他眼里始终是那个样子，即便我们已经分开了。

但谁能拒绝成长呢？谁能一辈子只喜欢甜甜的清纯花果香型呢？谁不希望有点深度或者与众不同呢？于是后来，越来越多的不那么常见的香氛、不那么常见的小众品牌出现在我的香水柜里——我确实有收集癖，有时半夜上厕所路过香水柜都会偷笑一下，心里无比满足。但我也是一个挑剔的收藏者——到最后，最初的那些清新甜香型都被我无情地扔进了垃圾桶。

不过不管嫌弃这还是沉迷那，听起来矫情，却在无意中给了我鉴赏的本领：对于我而言，气味已经变成五感中最熟悉、欣赏能力最高的感官形式，我频繁地去法国、意大利，跟各种沙龙香人结识，还报名参加了美国香水基金会的课程，学习专业的香氛知识，努力做一个来自东方的独立香评人。对我而言，每种气味里都有一个故事。

当然，人生际遇也不是一成不变的，8 年里，我的生活似乎也沧海桑田。比如放弃上升期的事业很另类地去首次开放的台湾念书，比如台大毕业后选择去新加坡生活，比如陷入回不回国的挣扎，比如出版了第一本诗集，比如丢失了一直以来给我极大安全感的婚姻，再比如遇到了一些令我终生难忘的人或事，不过庆幸的是，每段故事里都有一种气味。

当我再回头看这些故事时，某瓶香水就像时光一样不可追，却成了存在主义者眼中最重要的证据和注脚。

虽然写了好多年香评，但有一个迷思一直缠绕着我，到底是该用香水影响情绪，还是该用情绪挑选所谓“适合自己”的香水（更不用提用星座挑的了）？

我曾经在专栏里写过一个白领一周七天的香水推荐，根据一周七天人的心情起伏挑选香水，但写着写着就发现，星期一有两种思路：一种是选一种香气让自己从失去周末的悲痛绝望中清醒，另一种是向同事和老板表达自己的悲痛绝望。

后来，读到王尔德写的一些书，发现两种思路本来就是人生的终极大哉问：能拯救灵魂的只有感官，能拯救感官的只有灵魂。这句话放在选香水这件事上应该这样解释：能影响情绪的不只有香气，能影响你用什么香水的不只有情绪。好乱，so，不管王尔德了，不管感官与灵魂了，我们单纯体会那个美好或者恶心的当下就好。

至此，我已经离题太远。好的，简单归纳起来，我收到过的奇葩用香人奇奇怪怪的用香理由综述如下：

原因 1：
很臭。

这很正常。中国人真的还好，没那么臭了，只是你依然只能在生活中发现自己的臭，而不会自发地香起来，最得意的人也最多是——无味。

所以才有了人们对于香气的向往。但是切记这样的小伙伴不要用香水遮掩体味，应该先把自己清洗到接近无味，再用专业的止汗产品，然后才是香水。

原因 2：
很想取悦别人。

有很多很臭的人，通常不能自己发现这件事。

他们不清洁自己，不用香水就走到地铁里、电梯里、办公室里，不是单纯因为他们穷，而是因为他们没想着取悦别人。这不是物质匮乏问题，而是哲学书读得太少的问题。有人会故作深沉地反驳："用了香水比臭着还令人难以接受。"

一方面，这是一种一厢情愿的想法，完全没有社会学、心理学、伦理学、人类学、统计学依据；另一方面，选择使用哪种香水必须注意场合、时间，给别人造成困扰说明你还要再学习一种技能——用香技巧。

取悦他人是一种很好的品质，就是叔本华说的"利他取向"，利他、利己和诅咒别人合称为人类的三种原始欲望，你挑挑看，是不是取悦他人最棒？

> 原因 3：
> 虚荣。

被这个原因驱使的人，通常时不时要露个两 C 或 H 出来自拍。两 C 的一个小包至少也要几万元人民币，但香水两千元就能搞定。我猜在所有用香奈儿 5 号的人里大概只有 10% 是因为真正喜欢那股号称第一瓶加了醛香的花露水味。再不然就是被那个号称自己什么都不穿的疯女人忽悠了。

香水是"大牌"里最便宜的单品，这倒百分之百是没错的。因此作为大牌的入门使用者，香水是与大牌初次亲密接触的不二之选。

但请必须注意：时装、包包、珠宝的大牌肯定不是真正的香水大牌，这可以请诸位类比手表。所谓大牌之"大"也不是光有广告费就说了算的。

> 原因 4：
> 感官欲求不满。

眼睛看到美丽的文字，比如诗，可以让灵魂感觉到愉悦；耳朵听到美丽的音符，比如小提琴，可以让灵魂感觉到愉悦；再比如舌头品尝到美味、手指触到棉布，都可以让灵魂感到愉悦。那鼻子呢？理应有嗅觉的欲求不满，香水就是这种欲求不满最好的救赎。这类人一般买很多香水回家，是用来闻的而很少穿。

说到底，一瓶好香的前中后调就是一首诗的上中下阙，只不过墨迹消散的速度要远慢于气味分子罢了。

所以才会有人说，一位好的调香师，就是一位诗人。

原因 5：盛情难却。

经常有人莫名其妙地收到香水，香水不愧为最无关痛痒的生日礼物，没有之一。

好吧，收到香水就一定要用，这与别人送了本《史上最强成功学》给你你就一定要看并称为世界上最不在乎自己的两种行为应该不为过。

原因 6：搭配衣服和调节心情。

后者就莫名其妙地高大上了。有些沙龙香水被生化学者证明真的有调节心情的作用，因为植物成分是有特定功效的（比如德国生化学者茹丝建立的香料情绪影响模型“茹丝的蛋”），如尤加利可以镇定消炎、玫瑰可以舒缓紧张、晚香玉可以让人欢愉、格陵兰茶可以激励人的情绪，等等。

用嗅觉影响情绪，大把的生化学者、心理学者做了大量研究，可能下一本书里我会聊到这个话题。

原因 7：
老娘（老子）就是喜欢。

这种最高大上了，见到香水就莫名欢脱的人最有前途。

那些羞于谈论香水，或者认为这是一种不接地气行为的人，请你最好也这样看待看电影、听音乐、吃美食、云雨交欢等感官行为，做一个真正简欲的五无新人。否则，请你还是好好考虑一下“用香水是一种矫情”这个草率的论断。

以上是我在专栏里交流出的几种典型的人群，当然不能绝对地一以概之，不过从最悲观的角度来看，假如你恰好是第三种——因为虚荣而喜欢用香水的人，那也完全没有必要脸红，找到一个理由开启自己的一种感官，总比因为虚荣断送自己一生的幸福要明智得多。我们谁不是从大牌开始认识香水的呢？

我必须得说，以上我说的这些都不重要，重要的是你自己找到一个理由开始香水之旅，就够了。

我们一起开启这个四地香气之旅。

台北

taipei

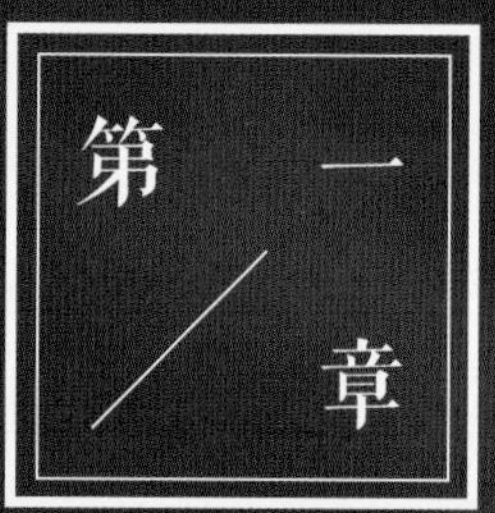

不入流的 JAR

For JAR Jarling

献给 JAR 真爱

JAR
PARIS

欲扮成一名见习海员，
就要表现得荒诞不经，
至少看上去要喜欢
烈性酒、玩闹和噪音。
—— 威斯坦·休·奥登
《亚特兰蒂斯》

威斯坦·休·奥登（Wystan Hugh Auden，1907—1973），英国诗人，后赴美国生活。代表作有《海与镜》《石灰石赞》《阿喀琉斯的盾牌》《向克里奥致敬》《无墙的城市》《谢谢你，雾：最后的诗作》等。

四年多前，我刚到台北不久，一位大学时代相识的台湾学姐便热情地邀约我一起吃午餐，算是为我接风。那时我初来乍到，一切都还在摸索阶段，特别是对于找路不太灵光的我而言，这样的摸索就显得更加吃力。

一顿午餐的工夫，短短两小时。饭后临出餐厅时，我向她请教："我想去凯达格兰大道，该怎么走？"

学姐扑哧一下笑了出来，我立刻明白了她的笑意，但坚持让她给我指路。她轻松地说："你沿着仁爱路一直走，走过一个圆环就是了，不远的。"

我见她那么轻松地给我指路，想必是极其直白的走法，也没当作一回事。

沿着仁爱路一直走，我立刻感受到行走时风带来的轻快。没过多久，我

仁爱路是走路者的天堂

便经过了第一个路口，我还记得当时自己特别兴奋地在小本子上写下了“新生南路”四个字，并开始画一些横竖的线，用来勾画自己头脑中的台北路网。

过了新生南路口，成片的树林出现在眼前，我特意由路边的人行道换到了路中间的花园道。不得不承认，那是我第一次见到比道路还宽的树林，树木生长在道路中间，而路本身只能委屈地当一个配角，就像被沙洲阻断的小溪，被迫生出许多支流。不知是多久无人走过，我竟冲破了几丝横在树木之间的蜘蛛网，那更加让我感觉自己走的不是一条正路。在经过下个路口时，看到几栋高耸的建筑，叫帝宝，顿时激动万分地想到以前在《康熙来了》里面经常听到的小 S 讲的话。下个路口处，我的本子上出现了“复兴南路”四个字。过了复兴南路，我开始感觉到浓浓的体面，那体面有别于此前遇到的清秀的台北。终于远远地看到一个圆环，于是我兴奋地跟自己说凯达格兰的抗议体验之旅就快实现了。

当我看到圆环左右的路叫“敦化南路”的时候，我依然没有感到任何的不妥，因为学姐说过，只要过了圆环，就会到达目的地。

真正的慌乱来自于过了圆环之后。敦化南路口已经被我放置在身后许久，却始终不见我的目的地。我着急起来，想着自己恐怕是走错路了。于是便找了一个看上去很友善的女孩，弱弱地问：“请问凯达格兰大道还远吗？”女孩惊讶地看着我，说：“你走错方向了，它在另外一边。”说着，手指向我的身后。“要不要我载你一段？”她指了指远处的脚踏车说。

谢过了那个可爱的女生，我带着心底的沮丧和着急愣在那儿，然后做了一个反常的决定：继续沿着错的方向走下去吧，反正也没去过，管他呢！说反常是因为，我从小到大都是一个结果论者，我本应该立刻掉头往回走。

于是我的小本子上接着出现了“光复南路”。那萧萧条条的光复南路口，颇让人想到体面壮年过后的老年时光。

当我站在一栋硕大的建筑前，看着台北市政府，试图寻找再往前走的路时，我忽然明白，我的仁爱路已经到了尽头。凯达格兰大道，我一直因好奇而冥想出的种种抗议场景，在最初那个路口已与我背道而驰。同样的一句仁爱路一直走，我与学姐口中所指之处已经一东一西。

不过，自从那次行走之后，我开始反思结果论的合理性。我觉得，抱有目的的行程未免不是盲目的，至少同漫无目的具有一样的盲目性。如果我没有走错方向，那么我也就没有机会看到台北市政府、感受到帝宝带来的小澎湃、冲破蜘蛛网时的小忐忑，不会有那小本子上积少成多的由稀疏变稠密的路名和线条，不会遇到那个善良而阳光的姑娘。

从小受到的教育告诉我们那些沿途的风景一点也不重要，重要的是最终是否可以真的到达想要去的地方。否则，你就是走错了或迷路了。怎知每一次“漫无目的”的行走，都是一种难得的尝试，都会抵达一处你从来没去过的地方：世界上根本不存在一无是处的漫无目的，也不存在绝对优越的结果论。

然而话虽这么说，可是在一大群狼一样的结果论者面前，想要坚持漫无目的的心态，是一件需要勇气的事情。不光是漫无目的对垒结果论，所有的“非主流”面对“主流”时，谁不是感受到满满的被抛弃的惶恐呢？

要我说，如果你与众人恰好不同，那么守住非主流的思维就是“做自己”，这是任务清单里最难的一件事——远不是微信里心灵鸡汤文里写的“莫忘初心”那么轻而易举。

如果你恰巧需要这样的力量，JAR 的 Jarling 绝对是最好的选择，我保证这是世界上独一无二的非主流气味，不论男女都可以用得起来。

身上带着一种反主流的坚定香气，会把我们的集气条再填满一点点。

说说 JAR：小众的极致是自持

在介绍目前为止我认为最具小众沙龙香精髓的香水品牌 JAR 之前，我不知道各位读者懂不懂珠宝，特别是高级定制珠宝。为了了解 JAR 这个香水品牌，我翻阅了不少珠宝杂志，看了很多资料，我相信只有这样才能彻底认识 JAR 这个香水品牌和它的创始人。

说到这里你一定猜到了：那不就跟宝格丽或者梵克雅宝一样，珠宝品牌半路出家做香水了嘛！这样猜显然只猜对了开头，JAR 的创始人是真正的天才，他在珠宝领域成就不凡，在香水领域也不遑多让，这使珠宝商们大惊失色。

JAR 的创始人 Joel Arthur Rosenthal（以下简称 JAR）毕业于哈佛大学艺术史专业，是个不可多得的当代珠宝大师。品牌 JAR 是这位创始人名字首字母的缩写，这个年代还在把名字首字母缩写当品牌名称的人肯定是个怪咖。

君不见 YSL 已经把品牌名字拆成 Saint Laurent Paris 以自适于这个时代，并且把工作室搬到美国洛杉矶了。与 YSL 的自适迥然相反，JAR 生于纽约，却从中年开始一直生活在巴黎，工作室也从来没有搬离过巴黎凡登广场。与 Saint Laurent Paris 的自适相比，JAR 就是彻头彻尾的自持。

JAR 先生在高级定制珠宝领域有自己的独特风格，水墨画般颇具东方感触的色彩搭配、对于珍贵宝石的精挑细选、细致的切割工艺和细碎排列的镶

JAR的“浮雕玫瑰胸针”——来自纽约大都会博物馆特展照片集

—
七支香氛营造出莫名
其妙的神秘氛围

嵌勾勒、深居简出一生只办过两次展览的绝对自闭、一年只产 50 件作品的稀缺慵懒、据说高兴就送给你不高兴连价都不用谈的高冷任性，这些特质都是这个地球上人们对所谓“真正的大师”的定义，类似真理一般。

所以自持往往是真正的大师与商人之间难以逾越的天然屏障，在我看来，自适与自持有那么一丝高下之分，但是差距并没有想象中那么大。

不必列举 JAR 珠宝的顾客有谁，我们就足以想象出

紫色的小屋好像随时会魔变

一个高大上的名人抢购团来。近几年几次大型的拍卖会，每次只要有 JAR 的珠宝集中拍卖，拍出 2000 万美元绝对没有问题。

说了这么多跟香水无关的珠宝，来说说 JAR 的香水。

JAR 不是一般的低调，那是相当低调，证据就是即便是巴黎香水圈的人，知道 JAR 的依旧不那么多。

我曾经把 JAR 的香水拿给一个朋友，他是巴黎非常知名

JAR 的瓶子圆润且没有喷头，
只有不停地以瓶身磨蹭皮肤

的小众香水精品店 nose 的老板，去过 nose 的人一定都爱死他了。结果这位朋友跟我说他没听过 JAR 这个牌子，在得知我是从巴黎第一区买来以及价格奇贵之后，他义愤填膺地说："你被骗了吧，这肯定是黑心商人卖给游客的。"我知道这个牌子同样比较晚，是一个美国香评人介绍的，这个同行在推荐完之后戏谑地说："如果店开着，算你幸运。"

于是为了验证我是不是幸运，我去巴黎时特地专门备了一整天时间登门 JAR 在巴黎第一区 rue de Castiglione 的世界"唯二"香水屋（另一间在纽约），当时我想，我等一整天，总有开门的时候吧。

然而我特别幸运，我到达的时候香水店就开着，而且没有其他顾客。我在 JAR 的店里待了一阵子，跟一位叫约瑟夫的绅士聊了很多关于 JAR 香水的话题，得到了很多启发。我的试香过程持续了两个小时，但其实店里只有 7 支香氛。

身价比较高的都可以站在一起

在试第一支香氛时，约瑟夫就制止了我为秀自己的专业性而胸有成竹地说出香水所用主要香料的行

为——事实上我在这方面是非常有天赋的，我的嗅觉辨识力和记忆力是很好的。约瑟夫却说：“香料一点也不重要。”这给了我当头一棒。

JAR想要每个使用者体会笼罩在香氛中的整个情绪，那是JAR想要表达的东西，也是由技术到艺术的必经之路。这点我很认同，不只是我，太多东方的香评人都太依赖Fragrantica.com这样的香水百科了，我们总是在尝试用放大镜从技术的层面审视调香作品，却忽略了普通用香者的真实感触。

如果非要用两个关键词总结一下JAR的香水，那么我想是“任性”和“昂贵”。

JAR旗下的香水全部是由JAR先生全权调制，不论是香调还是香氛本身都非常老实地继承了JAR先生自我、自负和不管不顾的精神。JAR旗下的7支香氛中，没有一支可以找到与其类似的大牌街香，这简直是小众香水爱好者的终极向往；另一个关键词“昂贵”也是不言而喻的，但似乎对于中国消费者来说它又算不上贵（土豪无处不在），旗下7支香水的价差很大，比较亲民的Jarling是350欧元30ml，而比较高冷的Bolt of Lightening是765欧元30ml。其实香水定价就应该是这个样子，那些不管用的是大马士革玫瑰还是保加利亚玫瑰都卖70欧元的香水里，要不没有一朵大马士革玫瑰，要不什么玫瑰都没有，那才是十足的工业悲催。

喜欢JAR可以说是一种魔咒，JAR其实某种程度上也代表着小众香水真正的精神家园：独立、自负与反乌合。

你永远不用担心JAR会像Jo Malone或者Diptyque一样做着做着就被财团买走当摇钱树，然后推出一些甜甜圈式老少咸宜的花果香，因为JAR从不缺钱，JAR做香水就是因为他要表达，表达早就悬浮在宇宙里的某一种氛围。而这一切正是Joel Arthur Rosenthal先生在珠宝制作领域所毕生追求的。印度裔珠宝设计大师维纶·巴加特说，JAR曾经给过他一个非常实用的职业忠告："永远也不要盲从他人。"很简单的一个句子，实践起来却需要很大的勇气与韧性。就为了这句非终生不可达亦不可测的职业良言，我决定收遍JAR所有的香氛，在我随波逐流时穿一穿、嗅一嗅，或许能助我找到并守住传说中的"真我"，又或许只有JAR这样的自负才能带出所谓的"真我"。

我一直感觉，只有像JAR一样遗世独立得甚至有些孤僻的沙龙香才能给我们除了感官以外更深层次的东西。温柔？坚定？自负？基本上就是那样子的吧。

BYREDO PARFUMS
BLACK
SAFFRON
EAU DE PARFUM
MADE IN FRANCE

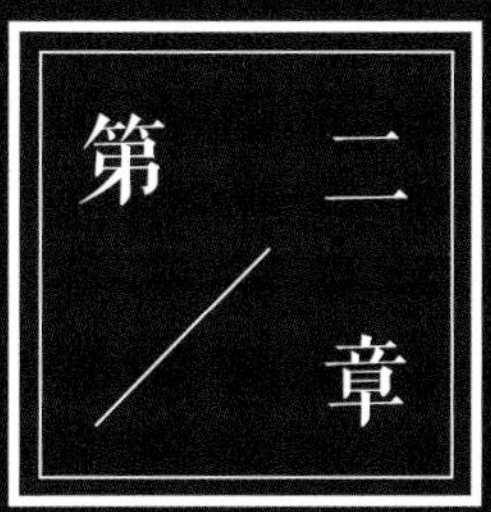

茱迪：我初次见就非常讨厌的人

For Byredo Black Saffron

献给 百瑞德 黑色藏红花

母亲朝窗台望一眼说道：“藏红花开了，会有好天气。”

——安德烈·纪德《如果种子不死》

安德烈·纪德(Andre Gide，1869—1951)，法国著名作家，保护同性恋权益代表，主要作品有小说《田园交响曲》《伪币制造者》等，散文诗集《人间食粮》等。1947年获诺贝尔文学奖。

初次见到茱迪的时间是一个台北的秋天。

台北的秋天真的非常温驯，一切就像人们印象中的台湾女生一样。

初次见到茱迪的地点是一家热炒店。

台北的旧城区里林林总总地盘踞着很多没有门窗的海味餐厅，在天气温煦的日子里，爱扎堆的台北男女都喜欢去热炒店吃上一盘几乎不怎么调味的九层塔炒海瓜子，更重要的是，还要搭配一杯冰啤酒。

茱迪就是一家普通到几乎全世界都不记得也不在乎名字的热炒店里推销啤酒的小姐，通常食客们都称她们为“酒促小姐”。

那天我跟Z先生出现在一家热炒店，刚刚落座，就有一个豪放到几乎要变成质询的声音迅速出现在我们的桌边：

“大哥！要几瓶啊？！”一个东北口音问道。

设想一下那个情境，那是世界上最温柔的城市里最温柔的季节，那一声“大哥！要几瓶啊？！”几乎就是陈词滥调里的惊鸿绝唱一般，让人不得不抬起头弄个明白。

Z先生也被眼前这位酒促小姐的话惊吓得够呛，一时间竟然无言以对。我趁这个时机看清了眼前的女孩子：她刷了虫腿一样的睫毛，施了浅藕荷色的眼影来映衬蓝白相间的酒促小姐制服，一口红唇搭配丝袜末端廉价的路边摊买来的红色高跟鞋，正以一副“我很忙，赶快回答”的眉眼冷冷地对着我们。

老板娘好像看出了这种尴尬，赶快救场似的三步并作两步飞奔过来，堆着笑说：“不好意思Z先生，这是新来的酒促茱迪，真正的大陆妹（注：台湾人称一种蔬菜为大陆妹）哦！”

Z 先生估计只是一时出乎意料，现下已反应过来，但本该更幽默一些的他却鬼使神差地说出一句："你老乡哦！"说完便抿着嘴微笑着看我。

"你也是陆配（注：大陆配偶）啊！听不出来啊！"茱迪反应迅速。

那时正是 2011 年，两岸交流远不及现在这般顺畅，在彼时的台北，遇到一个"野生"的大陆人并不容易——大部分都跟着旅行团，更不要说是在本地人才会出入的热炒店。

"我不是。"我说。

"那你是来干吗的呀？你是哪儿的人啊？"

"我从北京来。"说完我便没有要继续聊下去的意思，心想管那么多是没吃盐么。

茱迪已经感觉到了我的不友好，瞟了我一眼，便不再跟我说话，专心跟 Z 先生讨论起啤酒的事。Z 先生很快败下阵来，敌不过她的厉害，要了整整一打，这下换我对着他抿嘴笑了。

吃饭当中我去洗手间，还没走到门口就听见茱迪的声音，她用独特的声调跟其他人有一搭没一搭地聊着：

"你说刚才那个大陆女的，明明是北京来的，说话非装一口台北腔儿。真看不惯，假模假式的！"

不用问，这是在数落我。本想冲上前跟她说假不假跟腔调无关，后转念一想，这种事不需要每个人都认同，倒是该惩罚一下这个令人讨厌的粗鲁的茱迪。

于是我厕所也没上，回来把遇到的事情跟 Z 先生抱怨了一遍。

Z 先生是个人物，又是熟客，关键是被强迫点了那么多酒，根本是个受害者。于是他找来老板娘，跟她抱怨说觉得茱迪让客人很不舒服，而且强买强卖，所以建议她换一个有礼貌一点的酒促小姐。

老板娘自然是圆滑得很，先是不断道歉，而后话锋一转，说收留茱迪也算是功德一件。茱迪小姐的经历在相当长一个时期内，或者说直到现在都不是什么孤案：

茱迪小姐四年前在大陆没有正当职业，经过中介介绍嫁给了一个台湾男人，成了陆配，搬来台北。这件事如果不说新郎已经 50 多岁而茱迪当时只有 24 岁的话，确实可以称得上一桩喜事。

茱迪小姐嫁来后的第二年，她的孩子出生，老公患心脏病离世。但这并不真的可怕，真正可怕的是，按照台湾当局经久施行的审慎的大陆配偶政策，一个普通大陆配偶要在台湾居住满 7 年才能正式入籍，而这 7 年之间找工作何其困难，这样的婚姻制度在全世界范围内都相当罕见。可怜的茱迪小姐，当时就只剩下被遣送回大陆一种选择，她不甘心。

不甘心能怎么办呢？就只有再嫁一个人。

没有那么现成的好人。时间紧、任务重，她便嫁了个不务正业的单身汉，到头来只能自己出来工作养小孩和老公，来热炒店做酒促小姐才能勉强度日。

老板娘讲完这个故事，仿佛真的跟做了圆满的功德一样，以一声叹息作别了我们。

仿佛我和 Z 先生此时应该泪流满面，走心地捐些功德给茱迪才好。

说实话，这个故事丝毫没有减少我对茱迪小姐的厌恶，不论经过怎样糟糕的人生，都应该保持礼貌，我一直跟 Z 先生这样强调。

一个星期后的一个下午，我接到 Z 先生的电话，约我到立法院附近碰面，说想要给我看样东西。

我比约定的时间早些到达立法院外。虽然是秋天，但站了一会儿之后汗还是流下来了。Z 先生到了之后，带我走向一处立法院外常设的抗议区，指着一个女人的背影问我："你看那是谁？"

我看到远处坐着四个女人，头上系着红色布条，身后的栏杆上拉着已经有些发腐的白色条幅，上面写着"陆配需要公平对待"。

女人们的背影尤其孤单，因为在远一些的地方有一处反虐狗的倡议活动，大概有百十来人；更远处还有一队人马是在争取同性婚姻合法化的多元成家倡议，自成族群，也有大几十人。

此时，一个抱着小孩子的女人起身，到近旁的小贩那里买了一瓶饮料，在那样炙热的秋天，依然会有人干渴、流汗。买过水，那女人继续坐着，揽起旁边一个好动调皮的小男孩，偶尔还要喊两句由于太远我根本听不到的口号。那就是茱迪，我认得出。而此时的她，背影却像个大人，我后来死活也回想不起她当天的衣着，只是感到一股子沉重和一股子倔强。

"你觉得自己有被公平对待吗？"我记得 Z 先生当晚问了我这样一个问题，我只能苦笑一下，心想：从没有。

三年之后，我在巴黎的 Le Bon Marché 百货里的 Byredo 专柜前坐了好一阵子，跟那个熟悉的柜员说我想要再来点更特别的味道，因为我知道 Byredo 专门负责出品特别二字。

她笑了笑，神秘地拿出 Black Saffron，说："Try it."

我非常讨厌俗艳的、不礼貌的花香，刚刚闻了一下前调，就把试香纸还

Byredo 的几支香水都足
以称得上别致呐

给了柜员：“I hate flowers!”

“Hold on for a moment.”她说。

几秒之后，有一种沉重而黑暗的味道刺破花香的肤浅，那是藏红花；又过了几秒钟，焦黑的皮革跟黏浊的木香像躲在门后善意惊吓你的帅大叔一样，以一种沉闷的声音吓你一跳。

柜员朝我笑了笑，问道：“这让你想到什么？”

我说：“让我想到特别的味道。”

其实，我想到的是几年前见过的热炒店里的茱迪，还有立法院外的茱迪小姐的背影。尽管我还是讨厌花香以及没有礼貌的人，就像法国哲人阿兰在《幸福散论》里说的，粗鲁和没有礼貌只能让自己的情绪更糟，悲痛更惨。

但有一种欣赏的艺术，对人也好，对美也罢，都藏在那个神秘的 hold on for a moment 里。

谢谢 Black Saffron 开启这段回忆，谢谢 Z 先生默不作声的追究，祝福没有礼貌的茱迪小姐。

说说 Byredo：不敢是一种辜负

Byredo 很年轻，有人说它创立于 2006 年，但其实直到 2008 年在纽约的 Barneys 精品百货店登场，它才真正成为出现在公众视线中的香水品牌。

不过，就是这个处于婴儿时期的 Byredo，有两种非常值得称赞的优秀品质：一是它是外行做香水做得最好的，二是它让对香水啥也不懂的人明白了香水真有前中后调这回事。

我们分别来说这两种优秀的品质。

Byredo 的创始人 Ben Gorham 一度只是个普通的年轻人，甚至连 GAY 都不是。我看过一篇他写的带有自传性质的文章，里面说到他自己曾经是个彻彻底底的香水门外汉时，倒是一种极其骄傲的语气。

Ben Gorham 在瑞典斯德哥尔摩出生，父亲是加拿大人，在瑞典读博士的时候意外地让自己的印度女友怀孕而有了 Ben。

这种独特的家庭背景让 Ben 从小有了贯通东西方的先天优势，他曾经开玩笑说道："我的父母亲都很矮，可是我却很高，于是带着这种优越感，我打起了篮球，从美国校队打起，直到后来效力于欧洲职业球队。"我猜他并不是一个没有野心的人，因为他自己曾在不止一篇专访中提到在打篮球时没有安全感，觉得那是青春饭，吃不了一辈子。于是他在27岁那年决定转行。

转行做什么呢？一开始他非常迷茫，没有答案。直到他遇到瑞典籍的调香师Pierre Wulff，才对调香这件事产生了期待，也让他重新认识了自己记忆中关于香氛的片段。

其实Byredo的第一支香水Green，是Ben根据自己童年的记忆里爸爸身上的味道调制而成的，在Ben七岁时离开的父亲，就是一个狂热的香氛爱好者。随后，Ben又来到母亲在印度的故乡Chembur，那是一个孟买附近的小城，在印度，东方香料的深沉和刺激也给了他极大的灵感，于是Byredo的第二支作品Chembur就诞生了。

一开始这些作品是私人用途的香氛，Ben并没有想要把它们商业化。当他把这些香水草样带给Pierre Wulff时，后者却对这个外行小伙子的作品产生了浓厚兴趣，于是在Wulff的引荐下，两位世界顶尖的调香师——纽约的Jerome Epinette（她的代表作品是Atelier Cologne的Oolong Infini以及Isabel Derroisne的Ilaya）和巴黎的Olivia Giacobetti（她的佳作甚多，包括阿蒂仙之香的冥府之路、狂恋苦艾，同时她还是Honore des Pres及IUNX两大品牌的创始人）对这个混血儿也产生了极大兴趣，并帮助他完善了此前的两个作品，使得Byredo的第一波产品就具备了大师级水准。

随着2008年Byredo在纽约Barneys精品百货登上香氛热销榜，Byredo这个外行创立的香水品牌也算是在竞争激烈而且十分看重家族传承的香水市场杀出了一条蓝色之路。2014年，Byredo旗下的1996中性香水获得了FiFi奖英国区的最佳小众香水奖。

所以我说它是外行做香水做得最好的。

此后Byredo的香水品质，就要归功于Ben的天马行空及创造力了，我

—

沉香木题材也拿
捏得沉鱼落雁

想这恰恰得益于“外行”这一特质。另外，Byredo 是我拿来给初级香水使用者入门的绝佳教材：Ben 做到了一件娇兰都没做到的事——让使用者真正清楚地感知到香水的前中后调。

身边的很多香水小白经常跟我抱怨：“那些大牌香水海报里说的前中后调，为啥我死也感觉不到呢？”

我常安慰她们：“那不怪你，是大牌们的问题。”

难以感知前中后调这件事，说到底也是消费者自作自受。因为大众对香氛的审美大部分集中在果香和花香上，大众市场的香水商们只能迎合这个偏好，而花香果香不具备足够的嗅觉冲突，几乎做不到区分明显的前中后调。

而 Byredo 最大的特性是敢下猛料，而且往往是冲突非常强的猛料。

在 Gypsy Water（中文译为“流浪者之歌”）这支作品中，前调里的柑橘类香料一闪而过，因为叫“水”，所以意思了一下，马上接踵而来的就是木香，这样的冲突性香料想不区分前中后调都难；在 Seven Veils（中文译为“七面纱”）这支香水里，前面还闪现了一些玫瑰、兰花类的花香，但很快胡萝卜、香草就来了，又很快就只剩檀香了，

Bullion 的涂抹版

每个阶段都是快闪范儿的；Bullion 和 Black Saffron 更不必说了，一个李子桂花了一下，马上皮革起来；另一个藏红花葡萄柚了一下，马上皮革烧焦了起来。

所有这些作品令每一个到访我家调香室试香的香水小白平生第一次正视自己鼻子的存在，此前她们一直以为是自己鼻子有问题，殊不知是其他人脑子有问题。

平心而论，Byredo 这样的品牌并不像 JAR 那样原本就财大气粗、玩票、纯粹、反商业，可能是同样源自北欧的原因，我每每都能想到宜家，也许 Byredo 是非常商业化的，但是他们并没有刻意迎合消费者的毛病，而是用自己的高品质任性地尝试改变一些大众不懂欣赏的天性。就好比宜家刚进中国那几年，大家都在抱怨家具不组装好不靠谱一样，慢慢地，大家也被宜家改变了不少。

希望 Byredo 保持它的品质，也希望有一天 Byredo 可以提升人们在香水方面的品位，哪怕只是做到了让人们感受到香水的中后调这么微小的事。

MIMOSA POUR MOI
Eau de Toilette

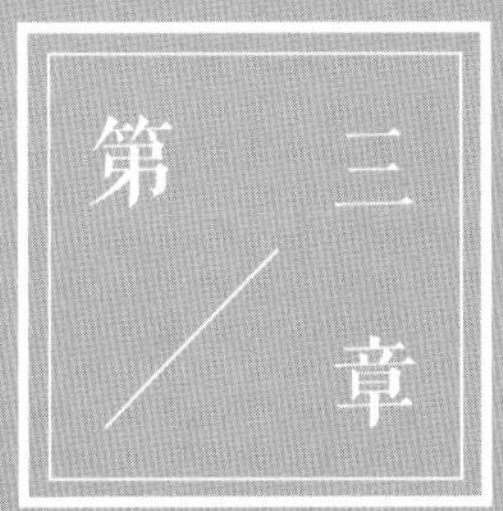

给新朋友的阿蒂仙

For L`Artisan Parfumeur Mimosa pour Moi

献给 阿蒂仙之香 金羽含羞

这角落并不意想谁来说句话，

只等待：一个高飞球，

或可能是高飞球的打击声，

想起我——在这时刻。

——罗叶《右外野手》

罗叶，台湾宜兰人，作家、诗人，台湾大学社会学系毕业。著有诗集《蝉的发芽》《对你的感觉》《病爱与救赎》，散文集《记忆的伏流》等。

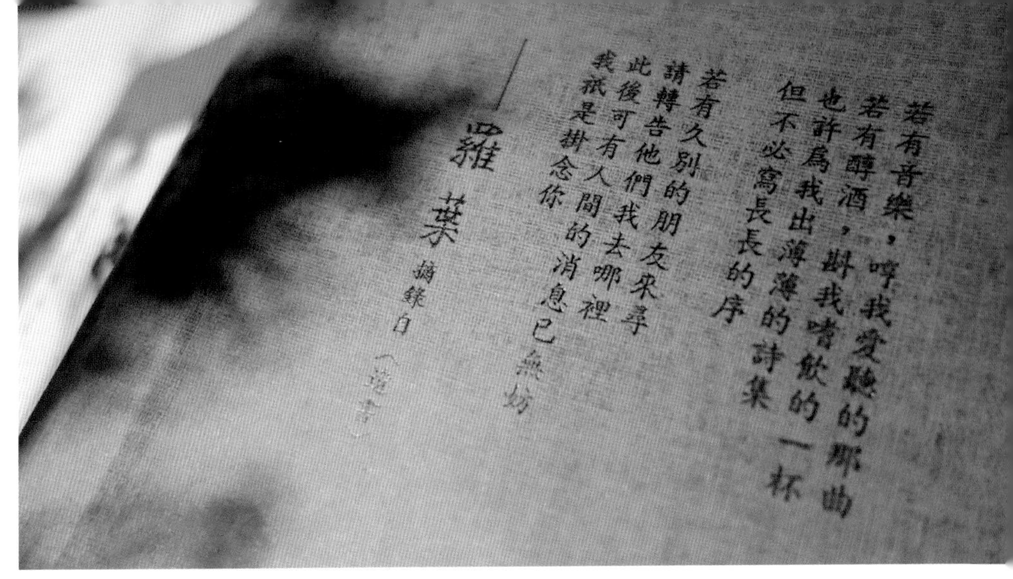

不需太多，
几行小字就能打动一个人

阿蒂仙之香（L`Artisan Parfumeur）的金羽含羞并不是香的，但是它的味道中镶嵌了油金色的花边，在阳光的照耀下生机勃勃、闪闪发亮。那感觉像极了敏感的生命，却有一个人说：“我们的友谊无关乎生命存在。”

车子略带迷茫地飞驰在去往宜兰冬山的公路上，越是临近目的地，就显得越加迷茫——因为目的地真的不好找。天公也不作美，阴霾压在群山身上，群山也显得灰灰黑黑的。

此行的目的是拜会一位新朋友，也可以说是我的台大学长。这位学长是个诗人，却还是有些更特别的地方。初次读到他的作品，是在11月末的台中绿园道，我在诚品书店一个不起眼的角落（你也知道诗永远躲在某个角落）发现了那本绿油油的不薄不厚的书，封底摘录了他的作品《遗书》的一小段：“若有音乐，哼我爱听的那曲；若有醇酒，斟我嗜饮的一杯。”然后他还写道：“我们的友谊无关乎生命存在。”

我一下子就失守了。难怪有人说遗书上写的就是你人生的终极追求和你想永远活成的样子，所以我似乎在那一刻找到了共鸣。

车行虽然缓慢，也问了不少次路，终究还是到了。一栋高高的建筑周围，围绕着一些密度颇高的露天住所，那些长待的人们，不知道感触如何。我走进旁边一栋高高的大楼，把我手机短信里学长的地址拿给管理员看，他爽快地说："乘这边的电梯上五楼，按照门牌找就会看到。"

学长名叫罗叶，本名罗元辅，台湾宜兰人，台大社会学系毕业，1965 年生，2010 年去世。

当我紧握着手机，于万千张王李赵的居所中找到罗叶学长时，我发现我面对的仅是半个立方米都不到的小柜子。用手轻轻打开柜门，我看到一面略有些灰尘的玻璃，我用干净的手帕擦拭了。玻璃里面的空间是学长的骨灰瓮，瓮上有一张照片里明媚的脸，一如我在台大校刊上的照片中看到的一样鲜活、热忱，却过了将近 30 年。

我拿出手机，打开录音，里面是我朗读的《遗书》，搭配了神秘园的曲子 *Promise*，录音静静播放，我知道他在听，一整面墙里隔壁的张太太、王先生也在听。

我拿出一瓶香水，淡黄色的瓶身和液体，且香气带有金黄色的生命光泽，像新生的嫩草一样娇萌，香气的分子弥漫着，我知道他嗅得到那气味，一面墙里隔壁的陈太太、赵先生也嗅得到。

我原本带了一束花的，却因为丝毫没有摆放它的空间而不得不原封不动地拿走，献给了出大楼左手边第一个墓碑，也不管那是谁家的谁——我发现花已经在金羽含羞式的相识里显得无能为力了。

配了乐的《遗书》和金羽含羞，都像极了脆弱的生命，于无限拉长的时间和空间里，音波终会平息，金羽含羞分子终会混入无味的空气，曾经活生生的罗叶们终究要入土为安，如果我们不相信一些东西能够超越生命，就等于必须悲观而现实地生活。那种生活或许是“对”的、写实的，却毫无悬念是冷酷的。

我的到来更像是一场发自内心的承诺——没有人逼迫我，我也没有逼迫我自己，我想，我是发自内心地想要证明相识确实可以超越生命这件事。

有一天你或许悲泣
但别崩溃成散乱的拼图
我无法凑齐破碎的你
果真你竟笑了出来
那也同样令我愉快
我们的友谊无关乎生命存在
……
若有音乐，哼我爱听的那曲
若有醇酒，斟我嗜饮的一杯
也许为我出薄薄的诗集
但不必写长长的序
追求的我已空无所有
这秩序缤纷的世界
就留给你整理

——《遗书》罗叶

週二 15:27

轉達居間連繫的一位友人的話，他是看了妳登報的那篇文章後寄了這段訊息給我的。那篇文章感動了很多人：)

「那位朋友有空或你有空時來宜蘭，讓我略盡地主之誼。很開心參與了一次深心往還。 一靈」

週二 15:56

達陽 有些感謝的話我羞於說，但你我都知道，我的這個願望能夠達成，你是最熱切的幫助。謝謝你跟那些朋友們，下次回臺，無論如何也要見面聊聊～ 期待你的下一本字😃

—

帮我找到罗叶居所的台湾诗人林达阳，凡人们总是被彼此感动着

说说L`Artisan Parfumeur：杂糅的章法

如果去除那些品位一般的皇室成员的加持，单就世界上调香技术最高、创作良品率最高的非单一调香师香水品牌来评选的话，阿蒂仙之香(L`Artisan Parfumeur)绝对是当之无愧的第一名。

阿蒂仙之香有超过70款作品，款款都是拿得出手、不落俗套的经典之作。其实对于多位调香师参与制香的品牌而言，这一点非常难以达成。我们可以类比一下：别说很多作者合写一部小说，《红楼梦》传说只有两位作者，却多年来难逃狗尾续貂的谩骂，就可见一斑了。

不单如此，L`Artisan Parfumeur也是世界上最能网罗大牌调香师为其工作的品牌，为阿蒂仙之香调过香的知名调香师有十多位，却还能实现品牌风格层面的统一，这实在是非常不简单的一件事。

阿仙蒂之香的调香师阵容非常强大，有为Penhaligon`s调制了Tralala的Bertrand Duchaufour，爱马仕的御用制香师，顶级品牌TDC的创始人Jean-Claude Ellena及其女儿Celine Ellena、YSL和兰蔻的大调香师Anne Flipo，还有一大堆香水圈子中响当当的人物，哦对，千万不能漏掉Olivia Giacobetti，她几乎是我在调香理念这件事情上唯一的超级偶像，她为阿蒂仙之香带来了不朽的名作——冥府之路（Passage d'Enfer）。这些响当当的人物都心甘情愿地为阿蒂仙之香创作，听上去都觉得很酷。

那么阿蒂仙之香的创始人想必大有来头吧！

1976年，身兼调香师和商人角色的法国人拉波特（Jean-Francois Laporte，2011年过世）在巴黎塞纳河右岸成立了一家小店，主卖自己调制的琥珀调香氛和居家熏香。谁也想不到，这家小店在20世纪70年代大牌香水后劲乏力、众人审香疲劳症状非常严重的巴黎，为大家带来了清新的风和有创造力的新鲜血液。

阿蒂仙之香在成立之初的几年里便做了很多大胆的尝试，第一支以黑莓为主调的香水就来自于该品牌，名叫黑莓缪斯（Mure et Musc），据说香港女星关之琳用这款香水用了10年，二十几瓶，期间不曾换香，关大美人的品位有目共睹。

我收藏了不少阿蒂仙之香的作品

经过黑莓缪斯的成功，阿蒂仙之香在运用创造力这件事情上更加有自信，调制了挑战众人思维极限的极致无花果（Premier Figuier），将无花果树叶、花、果实全部塞入一瓶，加上杏仁和木香，推动了人们把更多的思考和新意带入香氛里。

再后来推出的旅行系列中的哈瓦那的天空、风物纪念主题的Riviera Palace、把玫瑰和广藿香混合到极致的小偷玫瑰，每一个都让人啧啧称奇又十分佩服。

苦艾是调香师不敢轻易触碰的题材

香根草题材里最清新的一支

有真功夫——这是我一直以来形容阿蒂仙之香的话。我觉得在这个品牌面前，似乎香水瓶啊、品牌代言啊、明星海报啊都成了大朵浮云，如果香水品牌做不到阿蒂仙之香的水准，那么其实很难真正令人信服它应该继续推出香水或者说继续糊弄消费者。

可惜的是，品牌创始人拉波特在将公司卖给香水品牌控股公司Puig之后，就离开了阿蒂仙之香，但好在被财团接手的阿蒂仙之香并没有太过偏离从前的轨道，这也算是不幸中的万幸。拉波特在离开阿蒂仙之香后于1988年自创了品牌Maître Parfumeur et Gantier，我每次去巴黎都会到访他们的店，新的品牌也出品了几支不错的香，但就是再也找不回阿蒂仙之香时代的辉煌了，那真是个高朋满座、群贤

BASOLINE
BASOLINE
BASOLINE

—

大红色才是古法调香的氛围

毕至的沙龙香水黄金时代。

听说，后来拉波特先生离开自己第二次创业的Maître Parfumeur et Gantier品牌，向更古老的过去寻找更深层次的制香理念，过起了更加神秘的勃艮第田园生活。

说到具体的香氛，前文中写到的金羽含羞是我最欣赏的阿蒂仙之香的作品。我是一个特别龟毛的处女座，所以我肯定不会喜欢非常热门的街香，这是孤僻的性格决定的，再有就是我的情绪会时不时地陷入阴霾里。

这两个原因切中要害地解释了我为什么喜欢金羽含羞。金羽含羞真的可以给人金色的联想，而且香水色泽天生就泛着一股子薄油，好像阳光或者满月一照，就金黄得睁不开眼睛，正能量满满的。而且本身以含羞草为题材的香水就屈指可数，另一个法国品牌Annick Goutal的那一支我就觉得逊色得多。阿蒂仙之香的这一支金羽含羞真的称不上是“香”，而是一种很质朴、很潦草的草本植物的感觉，不人工也不矫情。

阿蒂仙之香里的热门真的太多了，这里篇幅有限，再说三个，就不一一介绍了。

冥府之路(Passage d'Enfer)，别害怕，这只是老店所在小巷的名字，是百合加焚香，听着都令人好奇，深沉的烟熏感搭配花香的娇艳，意外地成为一种“我有花一朵，开在我心中”的中低音性感。

圣心香根草(Coeur de Vetiver Sacre)，喜欢香根草的人一般都活出了一点点对世界的真知，而这一支香根草的凛冽，让人从心到身有一股通透的淡泊明志之感。

狂恋苦艾(Fou d`Absinthe)，绝对不能错过的虐恋苦艾酒，也是最棒的苦艾题材作品之一，并没有真的“苦”的概念，而是一种暗黑色系的辛辣，像被燃烧的艾草熏蒸的夏夜。

阿蒂仙之香的低调在我心中投射成一个不善言语的内敛学霸形象，不用任何广告，爱香的人自然而然就对它充满期待，那种期待跟这个品牌一样：深沉可掬，至美不言。

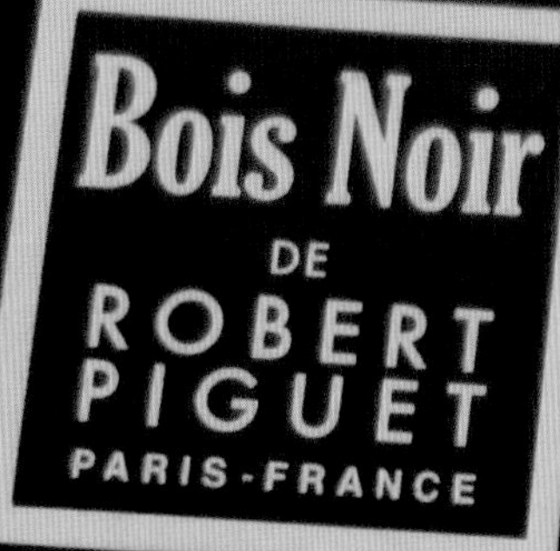
Bois Noir
DE
ROBERT
PIGUET
PARIS-FRANCE

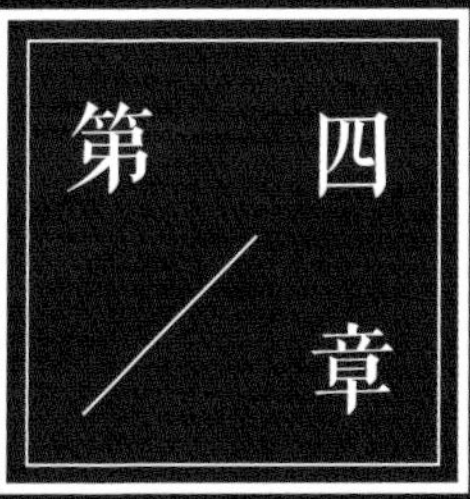

宝埔里民的汗

For Robert Piguet Bois Noir

献给 罗伯特·贝格 黑色香木

我和谁都不争；

和谁争我都不屑。

我爱大自然；

其次就是艺术。

——沃尔特·萨维奇·兰德

《在七十岁生日》

沃尔特·萨维奇·兰德（Walter Savage Landor，1775—1864），英国诗人。

2012年天气最热的时节，那个季节的台北根本没有风，头上掉落一根头发，恐怕还会落在你短短的影子里面，然后燃烧起来；只是没有风也就罢了，还附送了三温暖般的蒸腾，真的使人误以为那是飘飘欲仙：头越来越重，脚越来越轻。于是那阵子，每天都要喝一杯咖啡维持生命的我真是无助得要死。我想移动最短的距离，然后喝到真诚不潦草的咖啡，这几乎成了一种奢望。

有一天，一位友人如获至宝般地跟我说，在我们住的公寓的不远处，便有一个咖啡品质很好、用料很考究的咖啡馆。但说到最后他悻悻地加了一句：“但它有点特别。”

—

误以为自己是白马王子的咖啡馆

友人口中的这个有好咖啡可以喝但又有点特别的咖啡馆，我想很多人对它都印象匪浅，如果你曾在罗斯福路台电大楼捷运站一带出没，你肯定注意过那间纯白色的小房子，它低调而孤傲，在繁忙的罗斯福路辛亥路口，兀自镇定自若地站着，叫作“宝埔里民咖啡”。（由于是都市更新用地，这座短命的咖啡馆已经在2013年3月间与粉丝们说了再见，不，是永别了。）

2012年6月中旬，我第一次坐在宝埔里民敞亮的空间里欣赏咖啡厅建造者的审美：纯白的装潢，纯白的桌椅，略有些空敞的摆设，明亮的阅读体验以及一台硕大的咖啡机，这一切对于一个咖啡厅而言就是必备又完美。

我有一个习惯，就是通常会点一杯咖啡，坐下来，趁热喝，夏天也一样。我还记得，我跟往常一样点了一杯咖啡，环顾四周没人，我就心里一阵窃喜地坐下来读未读完的诗集。然而，一首诗还没读完，一滴汗水便非常不吝啬地从我体内叛逃到了书页上，晕开了一大片。那时我才意识到，原来这家咖啡厅没有封闭的空间，是开放的，就像是公园里没有冷气的凉亭。

要知道，六月中旬的台北，没有空调，是件比冬天没有暖气恐怖一千倍的事情，因为冬天哪怕再冷，都可以盖被子御寒；而人类却不能在酷热时脱个精光，或是蜕掉几层皮肤，关键是那样做也无济于事。

于是我叫来咖啡厅的服务生，指着二楼的小阁楼问：“楼上是带冷气的房间吗？”我以为这个户外空间只是选项之一。

服务生回答我说：“小姐，楼上是我们住的地方，也没冷气。”他顺手把旁边桌案上的传单递给了我。

时间太久，我忘记了传单上确切的原话是怎样讲的，总之就是说宝埔里民是没有空调的。我记得我看到传单后的想法是：亲爱的，你真的敢跟最原始的大自然相处吗？算了，不说什么最原始，你敢跟没有空调的大自然相处吗？

—

大咖啡机在吧台里，
不张扬

—

很怕那辆汽车直
接开进来

我当时不知道从哪里来的一股执拗，我告诉自己，我应该接受这个挑战，我想学会如何跟没有空调的自然相处。

于是接下来的一个月，除去假日，我都会到咖啡馆报到，坐下来喝完一杯咖啡，读完几首诗。当然，每一次都是烈日炎炎里以泪洗面一般地以汗洗面，然后，那本可怜的诗集上也点缀了些许晕开的汗滴。不仅是这样，我在自己家里也尝试着不开空调，每当这时候，我总会有种对大自然的坦然和如苦行僧般的孤僻之感。那阵子，我常梦见自己燃烧了起来，浑身焦黑但丝毫没有疼痛。在某种程度上，我必须承认，没有空调的日子并不好受，甚至可以说糟透了。

每次回到家里，我都要把身体清洗一遍，里里外外的衣服也都要换过一遍，有时真的是会湿透的。而有时也会因为咖啡太烫加上台北的蒸腾而使我的心跳疯狂加速，每当这时，我都可以真切地体会到空调发明者的良苦用心。

一个月后，我的身体开始经常不舒服。有时头晕得厉害，有时双眼像着了魔一样疯狂地流眼泪，有时早上起床什么都不想吃，到了中午还可以把早餐原原本本地吐出来。

我去看中医，医生说我中暑了，而且病得不轻，暑气郁结，肝火旺盛。他问我是不是体力劳动者，我跟他讲了我执拗的咖啡厅之旅，他说咖啡本来就升火，那个环境真的不利于身体健康，当然太冷的冷气房也不好，最好是二十五六度为佳。

其实我当然可以仍旧出现在咖啡馆，直到身体适应或夏天过去为止。但还没来得及让我思考我是不是该继续我的大自然学业，我就因为同事临时病倒不能出席，而不得不到香港参加一个国际会议，之后返回北京两个月。其实我心里非常清楚，平素那个视养生为大事业的我，是无法再坐下来喝大自然煮给我的咖啡了，我很羞愧，但又很无奈。

后来，我常想起宝埔里民咖啡馆的样子，当然，还有烈日里咖啡机开动时的轰鸣。如果非要选一个场景来描述 Robert Piguet 的 Bois Noir 黑色香木留给我的印象，那么非 2012 年夏天的宝埔里民莫属。在最严厉的太阳的炙烤下，一切都蒸腾、浮动、自燃了，空气、屋顶、咖啡豆。我在黑色香木的笼罩下，就如同活在那岛屿上没有空调的夏天，你说温暖，我说温暖过了头，那滋味并不好受，特别是当我到了热带的新加坡。

我很欣赏宝埔里民的理念，但我的身体不喜欢，因为肉身的限定总比精神要狭隘跟现实好多倍，身体是不争气的；一模一样的道理，我也欣赏很多沙龙香的调香手法，比如 Bois Noir，但现实是很多年来面对它时我都只会试香，从没有真的把它穿在身上，但我还是非常欣赏它的炙热、焦黑、极端木质，就像欣赏宝埔里民的建造者一样。

我借助宝埔里民、Bois Noir 弄清了理想与现实的差距，开始活得看上去像个世故聪明的布尔乔亚，然后继续吃我的养生餐，吹我的冷气，仿佛一切都没有发生过。

说说 Robert Piguet：要不就这样吧

按照罗伯特·贝格（Robert Piguet）先生在女装界的地位，原本其香水作品不该在这本介绍小众香水的书里出现，而应该跟迪奥和香奈儿比肩，摆到一起在全世界的专柜售卖才对。

说得更清楚一些，Robert Piguet 是克里斯汀·迪奥（Christian Dior）的老师，不仅如此，Robert Piguet 还是纪梵希（Givenchy）和皮埃尔·巴尔曼（Pierre Balmain）的前老板加老师。

但如果你慨叹为何老师混到这个地步的话，那可就真的大错特错了，这充其量只能说是选择一种不一样的存在方式。

其实不论是 Christian Dior 还是 Givenchy，这些品牌越来越指向一个抽象的复杂设计风格，而不再是创始人的个人风格了。创始人们孕育了一个世界知名的同名品牌，却也多多少少把自己的绝对风格抽离了出来。

从这个角度讲，不论是 Robert Piguet 的高级时装生意还是香水线产品，在 1951 年 Robert Piguet 去世之后就真的不复存在了，谁能继承他的衣钵继续做 Dior 的老师呢？如果没有人，那么 Robert Piguet 肉身消逝带来的品牌终结也未必不是一件好事。

大师都有一种沉醉于美的神情
——图片来自 *BeautyJournaal*

为 Robert Piguet 香水创作开创另类、不同流合污风格的，是一位充满冲突矛盾的女士，名叫杰曼·塞利尔（Germaine Cellier），一位不羁的女性主义者。我也是在暗香疏影小站上读到的关于 Germaine Cellier 的生平介绍。Germaine Cellier 并不是 Robert Piguet 的专属调香师，她也为其他品牌调香，但因为这位女士独特的女权主义气场和对于冲突香料混搭的扎实功底，仿佛经由她调制出品的香氛作品可以自成一派，并统统留有叛逆的线索。

她同时还是个不折不扣的大美人。但与她姣好的容颜相悖，据说她举止不羁，谈吐略显粗鄙，作为调香师却像烟囱一样整天吞云吐雾，也毫不忌讳地食用大蒜等刺激性的食物。这仿佛确实应该是女性主义的一部分。

她的香水配方在当时看来是相当大胆的。

为 Pierre Balmain 品牌调制的 Vent Vert 里有多达 8% 的大剂量白松香，让花丛绝对变得绿意盎然。在为 Robert Piguet 品牌调制的 Bandit 里，她又加入了 1% 的异丁基喹啉（Isobutyl Quinoline），利用这种明快的木质皮革类香材为迷人的花香套上了柔软的皮大衣。那仿佛就是 20 世纪 70 年代的巴黎时装周上，如花美人身披小羊皮大衣在非动物保护主义者眼中的完美形象。

她的所有照片里最女权的一张——来自 *VanityFair*

当然，Robert Piguet 最为后世传颂的经典香型 Fracas 喧哗也出自这位美人之手：白花丛之中翩然矗立的晚香玉，却不似其他白花香型那么小家碧玉，风信子的出挑、绿叶元素的清冷、琥珀橡苔的灰暗，这些都是喧哗，但你知道那美人就兀自洁白着，任你黄金时代里多少的纷纷扰扰、人情冷冽还是机关算计。倒不敢说后世的白花晚香玉都是在向喧哗致敬，但是无法否认把晚香玉用得这么不花又同时那么花的，确是从

Robert Piguet 的 Fracas 喧哗女香开始的。

Germaine Cellier 女士某种程度上决定了 Robert Piguet 香水的品牌定位：不凡、高冷，就跟她本人一样。

这说来也是一等一的美谈：一个品牌的调香师超越其创始人确立了品牌的风格，并且让这种风格持续至今。但大家都知道，这样的定位根本无法满足普罗大众的口味偏好，很容易把品牌做成一小撮人的兴趣。不过，这也就是小众沙龙香形成的基础，它们注定无法像大众品牌那样通达、世界驰名，但是某种程度上它们保持了自己的风格。

1951 年之后，Robert Piguet 从巴黎的高级制衣领域消失了；1974 年推出未来（Futur）之后，Robert Piguet 也从香水领域销声匿迹了，足有 20 余年未推出新香型。然而巴黎人在扼腕叹息之余，仿佛并没有很快忘记这个不仅通晓服装设计，而且在绘画、音乐领域均有建树的巴黎时尚大师。

Calypso 属于那个时代，
却又是那个时代的另类

1998年，Robert Piguet品牌重现江湖，香水线的小众沙龙品质被完整地保留下来，除了复刻前面提到的1944年的匪徒（Bandit）、1948年的喧哗（Fracas）以外，那些经典的黄金时代香水配方都被原封不动地保留下来，1950年的Baghari、1959年的Calypso等等，这些历久弥新的老香型仿佛在新的工业香水时代又被赋予了新的感动和使命。

小秘密：它是我给绅士们的常备伴手礼

在所有 Robert Piguet 50 年代香气的复刻香型中，我个人比较喜欢 1959 年的 Calypso。我曾经一度觉得 Calypso 前调里的粉红胡椒很别致，跟其他的都不一样，直到我发现 Calypso 前调里并没有粉红胡椒。那种辛辣的粉粉味应该是来自于一种叫老鹳草的香材与其他柑橘类香调的融合，确实非常特别。当然中调的玫瑰和尾调中的琥珀也是我一贯的挚爱搭配，但就这一支而言前调还是很突出的亮点。

在新推出的香型里，首推的就是前文提到的黑色香木（Bois Noir），黑木几乎是我有史以来见到的最贴近炙热森林真谛的香水。我记得有一年在大兴安岭，我碰巧闻到过林火被扑灭后树木没有燃尽、夹杂着水分子时的那种独特的木头味。如果把那种味道抽象化、美化一点点，只是一点点，不要多，它就是 Bois Noir 的味道，让人有被炙烤的幻觉，但是其实已经断气了。在这里面，广藿香就好比是那个火种，又可以说是燃烧后的疮疤。这种燃烧的炙热感对于夏天里的人们是一种要命的酷热；但你想想，到了严冬，它就成了生活的一种变相救赎。

每每有大师级的设计师，就有一个大师级的时装品牌；每每有了一个大师级的时装品牌，就有了作为配件的香水。大师品牌横行世界时，香水配件也跟着为更多人所知。不知道该说幸运还是不幸的是：Robert Piguet 是个例外，要不就让它这样吧。

时装品牌里最棒的沙龙香水的美誉应该颁给 Robert Piguet。

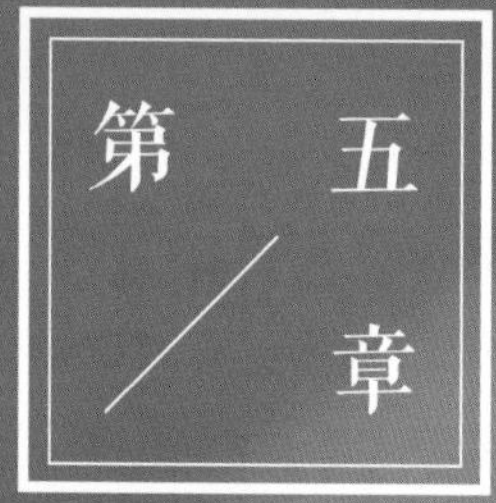

大道理 小道理

For by Kilian Intoxicated

献给 基利恩 沉醉

Kilian

3 new fragrances composed around
narcotic smokes

INTOXICATED
LIGHT MY FIRE
SMOKE FOR THE SOUL

走在雨中
臂里夹着一把菊色雨伞
为了不让伞被淋湿
他宁愿忍着——不听
打在伞上，宛如
打在蕉叶上的
幽微，而令人心跳的雨声
——周梦蝶《走在雨中》

周梦蝶，本名周起述（1921—2014），河南籍台湾著名诗人，台湾“国家文学奖”首位获得者。著有诗集《孤独国》《还魂草》《十三朵白菊花》《约会》和《有一种鸟或人》。

|引子|

他蜷缩着身子弹了弹烟灰，转过一张写满肝不好的脸，回答我：

“不，我理想的人生是活成一条河，

发狠的时候可以冲毁一切，

但重要的是，

细微地看必须是柔软的。”

我大跌眼镜：连他都开始鼓吹平淡柔软了，看来大家真的都老了。

这位小哥是我认识的最狠的人之一：算计、造谣、谩骂。不知道在他身上发生了什么，又或者是因为什么大事都没发生？

我想他口中的人生该是很多人的终极向往吧。

不然那些垂近暮年的僧侣和老者为何十几个世纪以来一直鼓吹归于柔软这种方向，佛教经文里教化人们因果轮回、不必计较一时得失；北京朝阳区有众多的仁波切都在朝阳群众迷茫时念念有词。但唯一要注意的是，这种所谓的终极向往本不应该存在。不是就有人不愿温和地走入那个良夜吗？

“你是觉得我太坚硬，所以在说教么？”

他点点头。

“那如果有一个人的天性是柔软至极，他在乎这个世界里所有的风物：同类、动物、植物、昆虫，甚至气球、晚霞的微小情绪，想包容所有人、取悦所有人呢？他需不需要什么猛药变得决绝？”

他没再说话，那天我们在淡水河下游的对话就那样结束了。

一个在尝试着告诫另一个如何软弱，另一个想跟一个说软弱是另一个身上挥之不去的旧伤。如果全天下所有关于人生的大道理都能恰如其分地遇上小道理，那么就值得幸甚至哉，下一步可以唱 KTV 庆祝了。

不管你信不信，这个世界上确实存在着一大把天性柔软至极的人。除了我自己，我还有两个这样的朋友。

其中一个曾经以码字为生，给报纸写些歪歪扭扭的豆腐块，有一阵子上顿不接下顿，非常狼狈。可即便是这般光景，她却时常觉得有钱是一件非常罪恶的事情，甚至最普通不过的购买一个简单的服务，她都觉得难堪到不好意思。后来她出版了一部她自己特别不愿提及的言情小说，有了一些积蓄，

因为那天晚霞太好看，
甚至都忘了淡水河这码事

有一次我们去做SPA，她说她最近才对财富有了些正能量是因为听到苏打绿的一首歌，吴青峰在歌词里写道："一生之中，那未知的曲折和寂寞，让人胆怯，让人折磨；一生之中，那未知的幸福和富有，别怕期待，别怕拥有。"她竟然深有同感地流下了眼泪。

我还有一个朋友，一直不肯丢弃家里面不用的家具、器皿，所以他们家的沙发即使是坏了，也要先费心地找人来修，如果实在修不好，就把坏掉的部分重做一下，组装成一个"新的"继续用。他家里缺口的茶杯、用胶带缠封住把手的热水壶、几乎断成两截的冰箱贴开瓶器、不知道哪一年圣诞节泄了气的氢气球，通通都还在，整整齐齐地放在储物柜里。这不是因为我的朋友很穷，他就是舍不得丢掉任何曾经共同生活过的东西，他认为那些器皿是有生命的，而且生命并没有消逝，没有断气，贸然扔掉是一种杀害和抛弃。

每次面对这些已经成为小水滴的朋友，我总是希望能有些什么气味使他们多一些果敢，因为往往他们自己也很苦恼。于是乎，我迫不及待地来编排锡兰肉桂，当然不止因为肉桂可以温宫壮阳这么肤浅，也不止生化学者口中的活化 t 细胞治疗几型糖尿病那么铁面无私。

最重要的是，当你偶遇肉桂醇分子时，会有一种巨大的温暖将你包覆，像是冰冷房间里自上而下吹来的暖风，像是北大西洋暖流轻拍孤独的斯堪的纳维亚，也像是纽约冬天里热腾腾的苹果派或者贝果，随你如何说；温暖是其一，其二是撩拨，就像中世纪以来欧洲人的观念，肉桂具有难以想象的催拨之效，当你把这一切用于精神深处的因无法取悦所有人而产生的无助与在意所有人心绪波动的疲惫时，你会神奇地迸发一种短暂而神奇的决绝。

趁那时做个决定，他把破口的玻璃杯丢掉了。

如果你还是不了解那种天性软弱的人为什么需要决绝，就去看王尔德的《自深深处》。当你明白有一类天性软弱的人如王尔德对波西般的恶性包容每天都在我们身边发生时，你一定想说："爱不能拯救一切，我们需要一些绝对的决绝。"

那就是锡兰肉桂表达的一种力量。

肉桂香精来源于以蒸馏法萃取的肉桂树皮，就是小时候妈妈厨房抽屉里瓶瓶罐罐中的一种炖肉树皮。每年秋天，是中国肉桂树树皮最肥美的季节，用环切法产于这个季节的中国肉桂颜色适中，出油颜色深邃焦棕，品相最好。但我买到的调香原料大部分都是锡兰肉桂香精，颜色呈淡黄色，很浅，气味不像前者那般浓郁，却带有淡淡的甜味。

于所有肉桂中，by Kilian 的沉醉男香（Intoxicated）是我绝对的果敢首选。我不喜欢只有肉桂味道的香氛，那样其实很容易做到，因为肉桂香精能非常轻易地左右整个调香作品的风格；我也不喜欢那些只有在香调表里才能发现的肉桂，那几乎相当于不存在。而 Intoxicated 在这两极中找到了刚刚好的位置，不仅是肉桂找到了，咖啡也找到了，无私地把苦涩贡献给了温暖，那就好像是冬日里焐暖了的冷衾寒裘，炭盆里不由得升起的葳蕤暖烟。

人生来就那么不同，那些强硬了一辈子的人梦想心平气和、柔软相待，但与此同时，那些至柔软的人的梦想则刚好相反，他们梦想终有一天坦然地获得应得的财富，丢掉一点也不喜欢的圣诞节氢气球。那么此时，一些肉桂、一些咖啡、一瓶 Intoxicated，便可以使他们躁动起来，不带遗憾地跑进那个良夜，这样多好。

说说 by Kilian：说出来的都还在路上

胆敢搞得这样明显，也是为 by Kilian 捏了一把汗

by Kilian身上矛盾的特质并不因为它越来越奢华、越来越大众而减少，反而越思考，矛盾就越清楚。

可能有人会说，不过是一个香水品牌嘛，那么认真干什么呢？

这个认真的源头说起来也是by Kilian自找的，因为它的广告语是“perfume as an art”，也就是“香水作为一种艺术”。

我不知道by Kilian创始人基利恩·轩尼诗（Kilian Hennessey）先生

是不是真的慎重考虑过这句广告语，但作为一个来自东方的香评人，我会非常认真而且非常激动地去看待“perfume as an art”这样一个击中人心的香水品牌定位——因为这恰恰是二战后香水制造业失掉的灵魂。

二战后在美国实施马歇尔计划、欧共体建立、战后婴儿潮、贸易重心由英国移往欧洲大陆等因素的作用下，20世纪六七十年代堪称欧洲大陆的黄金时期。人们对消费品的购买力大幅提高，消费欲望空前高涨。

商家为了迎合消费者的需求和降低成本，开始大范围地改造传统产业，使其更加符合大众化消费群体的消费需求。香水作为一种重要的消费品当然也难逃被改造的厄运——更多产业化的香精公司发展起来，制香业形成了一整套由消费者调研、新产品研发、新香料研发、香水批量生产、香水瓶批量制造、市场营销等一系列标准化模块组成的工业化大生产格局，而调香师情绪表达这种传统技法仿佛在强大的消费者需求面前变得无关紧要。

大部分香水不再是一种艺术表达，而成为一种跟洗发水一样的快消品，直到今天亦如此。

Kilian Hennessey先生在巴黎参观古董香水展览时意识到了近50年的产业化给百年制香业带来的巨变，以及这种变迁投射出的非常明显的不利影响——有时香水厂商只是为了搭配某个好看的瓶子而草草调制一种液体。于是曾经为阿玛尼（Giorgio Armani）和迪奥（Christian Dior）工作的Kilian Hennessey在2007年创立了自己的香氛产品线，命名为by Kilian。

值得一提的是，Kilian Hennessey来自于一个很有名望的家族——轩尼诗家族，现今世界数一数二的奢侈品集团LVMH中的H就是这个家族的缩写。显赫的家世背景当然不仅仅意味着富N代可以有的任性，也为by Kilian香氛品牌日后受到美国人的追捧、走向全世界打下了良好基础。

摄于格拉斯香水博物馆，20世纪初的香水多么质朴、动人

到这里为止，by Kilian 用现代手法复兴调香师艺术表达的诉求、对香料品质的追求及其大力倡导的环境友好行动（即每一款香水都有大容量补充装，以免香水瓶在香水用完后被空置甚至遗弃带来的资源浪费和环境污染）都给我留下了非常深刻的印象。

但如果真的从品牌对自己的定位“perfume as an art”出发，我认为 by Kilian 还有很长的路要走。

对艺术表达层次的定位过浅、创作多而不精是两个非常突出的硬伤。

如果我们尝试用一个可能全球人民都知道的人的理论来理解艺术，我倾向于选择黑格尔。黑格尔对艺术的概括非常简单：“艺术的内容就是理念，艺术的形成就是感官形象。艺术要把这两方面调和成为一个自由的统一整体。”

精致的旅行装同样巧夺天工

简约的白色

如果我们把它移植到香水艺术上的话，香水的内容本体应该是理念，通过嗅觉和视觉感官诉诸呈现，当然最重要的是要通过调香完成感官之于内容的充分呈现、统一，否则就是驴唇不对马嘴。

诸位请看，如果一个香水品牌敢声称自己是以艺术的形式存在，那么：

首先，调香师必须清楚自己想要通过某一瓶香水创作表达何种理念，这种理念仅是一个故事（比如宗教故事、个人经历），还是一种情绪（比如烦躁、快乐、忧愁），或是一种哲学思辨（比如天人关系、动机、生死）。有一瓶香水是这样还不够，必须瓶瓶都是这样，最好还互不相同，甚至互补。

其次，调香师必须擅于调动物质以刺激感官以创造形象，这种物质不仅仅可以是天然香料、合成香料、溶剂等嗅觉指向，还可以是文字、香水瓶、包装材质等视觉和触觉指向，甚至调动味觉、听觉也不是不可能。

最后，最重要的一点，也是调香师作为艺术家的关键，是将内容与形象统一，使欣赏者顺利抵达你所要表达的理念，甚至举一反三地超越。

这样分析下来，作为一种艺术而存在的香水并非一句口号那么简单。by Kilian 品牌在这些方面的探索还显得相当初级。

在第一个层面，我们目前看到的香水从名字上看内容，貌似是在做哲学思辨，但实际上更多地停留在讲故事层面，比如其推出的“In the Garden of Good and Evil”系列的 4 支香水都旨在复刻一个不同媒介表达的宗教故事，没有新意。这其中还出现了像禁忌游戏女香（Forbidden Games）这样的大败笔，甜腻的苹果从头挺到尾，我不知道为何除了禁果的意象难道找不出更深刻一点的表达方式了吗？难道一千年过去了，禁忌游戏还仅仅是性爱那么单纯吗？

而“Additional State of Mind”系列则更像是一些零散情绪的零散抒发，跟诗歌创作中的无意识写作如出一辙，想到什么就写什么，虽然来得质朴、原始，但没有经过思考、雕琢后来得历久弥新，所以很难成为经典。拿灵魂的烟（Smoke from the Soul）这支来讲，太过写实的燃烧产生的烟的味道会让人有一种猜到开头也猜到结尾的无力感，不具备类似瑞典品牌 Byredo 旗下的 M/Mink 中性香水的创作深度（M/Mink 是 Byredo 与巴黎 M/M 设计团体合作的作品，调香师面对三件物品——一条来自亚洲的固体墨、一张宣纸以及一幅书法作品——来反思东方书写媒介、书写艺术与人类的关系，是经典的存在思辨性创作）。说到这里也恰好契合了艺术性的第三点里讲到的表达有效性——by Kilian 的大多数香水显得过于浅白，让人猜到开头也猜到结尾。

相对于比较浅白的几支作品而言，个人认为前面说到的沉醉男香（Intoxicated）是表现力和想象空间都不错的一支，虽然情绪是零碎的，但可以分辨出以肉桂和咖啡做主轴的嗅觉表达与主题的强烈冲突性，但是冲突过后让人细想之下又会心一笑，也有更多种理解上的可能性，使“沉醉”一词的内涵借由香氛、嗅觉和大脑思考得到了延展。人们开始思索沉醉为什么是这个味道的，肉桂和咖啡带来的苦苦的温暖是不是真的符合自己心中的沉醉。

吐槽这么多，还是非常珍视 by Kilian 做出的努力，因为难得有香水品牌提出调香作为一种艺术形式这个理念，这其实冒了很大的风险。

但靠谱的调香师必定自认为是艺术家，事实上也是，他们当中的许多人不仅是调香师，还是摄影师、画家、音乐演奏者、指挥家或者诗人。我一直坚定地认为艺术门类是相通的，其最深的根基是相同的，那就是哲学。至于到底是涂抹颜料、混合香精还是码放文字，都只是手段。当然手段的熟练运用需要多年的专业训练以达到炉火纯青，但你要表达什么理念说到底还是王道。

by Kilian 至少让我们意识到了艺术与美学在制香中的重要性。如果不甘于只在感官好恶层面评价一个香氛作品——我喜欢或者我不喜欢（那其实不真实——你现在不喜欢的未必以后也不喜欢；也不重要——如果我们不乱以消费者是上帝自居），那么评价一瓶香水就需要走入一种艺术表达的深层次标准，多多少少这也是所谓的“内行看门道”的重要组成部分。

diptyque 34 boulevard saint germain paris 5e 34 boulevard saint germain
L'OMBRE
DANS
L'EAU

周梦蝶与贾宝玉

For Diptyque L'Ombre dans L'Eau

献给 蒂普提克 影中之水

行到水穷处

不见穷，不见水——

却有一片幽香

冷冷在目、在耳、在衣。

——周梦蝶 《行到水穷处》

2014 年去世的台湾诗人周梦蝶，一直是很多写诗人的心头好，我也不例外。

在他还健在的时候，我也曾遇到过这位浑身飘逸着孤独仙气的老人。对他诗里的一个小问题我一直非常感兴趣：他写的那瓶应该是什么香水？

在《行到水穷处》里，他曾写道：

行到水穷处
不见穷，不见水——
却有一片幽香
冷冷在目、在耳、在衣。

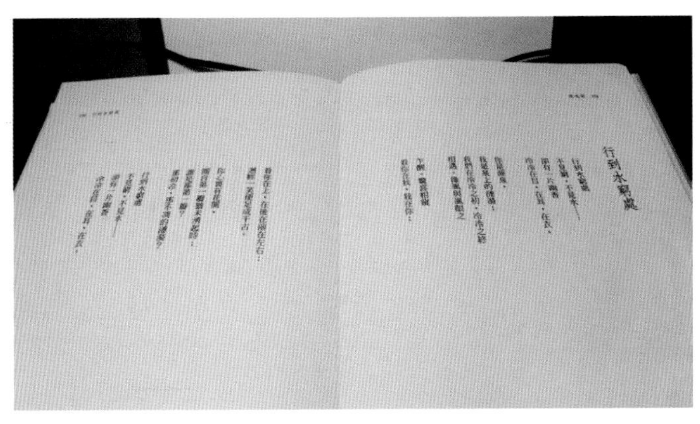

这个版本的周梦蝶诗集，这一首刚好平分整本书

短短的几句诗，藏着超级无敌大的弦外之音。我想应该是第一次有人把香氛的地位提到这么高吧：在古人趋之若鹜的行到水穷处、坐看云起时的孤远意境的尽头，其实啥也没有，就只剩下一阵幽香而已。

照周梦蝶先生的意思，其实在我们庸庸碌碌嘈嘈杂杂的人世之初、之终，能填充感官沟壑的只剩下嗅觉，不是轰轰烈烈的香气，而是幽香一片；幽香一片还不算完，五感中只剩四感存在，而四感中的视觉、听觉、触觉三感全部依赖于嗅觉。或者我们可以理解为在人最终离去的那一刹那，我们将用鼻子跟这世界的幽香做最后的告别。

那么问题来了：什么样的香气才能衬得上这似有若无的水穷处呢？说得好像是传说中的仙境一样，那么仙境里用的是啥牌子的香水呢？

每次我跟朋友们提出这种脑洞大开的问题，他们都觉得我一定是知乎的托儿——他们常说只有知乎上的人才会这么矫情。

他们懒得管水穷处是啥味道，反正又没机会去。而我每次都在一片不屑一顾中独自思考着那些杂且怪的问题，显得像个神经病。大多数的问题想着想着就忘了，这个问题也不例外。

直到有一天，我去听了一场关于周梦蝶的讲座，主讲人是台湾女诗人杨佳娴，这位新生代女诗人虽然文章满腹，在清华大学当中文系教授，但是口语表达风格跟小S的幽默颇有几分相似，偶尔还有些贱贱的调侃，搞得枯燥的文学讲座听起来就像《康熙来了》一样有趣。比如她当天讲周梦蝶的核心角色就非常有趣：周梦蝶同时身兼90多岁的贾宝玉、男版的林黛玉两种角色，是“宝黛”合体。

她还说到周梦蝶一首非常有趣的诗作——《红蜻蜓》：

吃胭脂长大的
曾经如此爱自由
甚于爱自己
爱异性
又甚于爱自由
不同的异性

所有的异性
但这已是不晓得多少辈子以前的事了

原来周梦蝶就是贾宝玉转世，这个秘密在杨佳娴点破之前，我一直都没发现。你看，吃胭脂的肯定是宝哥哥，不然古今中外现实的、虚拟的人物里还有谁有这种癖好？再看最后一句，颇有些记起自己上几辈子不堪过往的感慨。

那么问题又来了：周梦蝶有没有可能遗传了贾宝玉对于仙境香氛的记忆？要知道我们的宝哥哥可不是一般人，他可是见过大世面的。

《红楼梦》里“贾宝玉神游太虚境，警幻仙曲演红楼”一回说得明明白白，贾宝玉不但见过大世面，而且还是在梦里；不但看见了大世面，还成功地在太虚幻境摆脱了处男之身；不但摆脱了处男之身，而且在警幻仙子的教育下审美水准大幅度提高。

话说警幻仙子所居住的太虚幻境里什么都好，当然香气也是人间难觅的，而一种叫“群芳髓”的香水，更是把贾宝玉彻底降服，使他周身酥软。警幻仙子有话直说，只觉得贾宝玉是个土包子。“这个香氛可是全世界限量版的，你没见过再正常不过了！”什么香气值得这么高冷？用我们大中华地区香评人们最爱的 Fragrantica 照妖镜一照，再高冷你也得有个香型香料表吧！

警幻仙子倒是跟配方保密的商人不一样，明说了：“我这香水是蜀山上第一次开花的花香精，再加上大森林里的珍贵树木的油一起调制的！”

我坐在不通风的会场里，想到这里精神不禁为之一振：原来冷冷之初、冷冷之终的周梦蝶说的行到水穷处，那里啥都没有只有一阵幽香，说的就是这个他几十辈子以前在梦里最爱的故弄玄虚的“群芳髓”吧！

百花的冠冕你戴着，树叶的清冽你吹着，想起好多年前写的一篇关于巴黎品牌Diptyque的影中之水（L'Ombre dans L'Eau）的香评，那时候应该刚好在重读《红楼梦》，所以拿到这瓶香水后第一次试香就一见倾心。

什么雨后河畔的玫瑰园之类的场景在我这里一直都没出现过，它一直给我一种此物不是人间该有的错觉，我想那应该就是所谓的飘飘欲仙吧。于是赶紧翻回《红楼梦》原文查对，果然，古今品位最好的作家曹雪芹也是这么认为的，因为影中之水（L'Ombre dans L'Eau）就是警幻仙子的“群芳髓”，群芳髓转世之后就投胎到了Diptyque家，成了影中之水。

想到这里，我差点在讲座现场尖叫起来。

从此，那极端虚无的周梦蝶的水穷处的幽香终于在我脑海中具象化了，那堪比死亡的场景中一块最最重要的拼图终于拼全了：搞不好我们离世时，在冷冷之初、冷冷之终，会闻到影中之水（L'Ombre dans L'Eau），然后感觉到自己的眼里有影，耳中有泉响，衣服上阵阵保加利亚玫瑰混着黑醋栗叶的群芳髓余香。

哎呀，这么想一想，突然间明白为啥行到水穷处是件自古令王维等诗人心驰神往的事：那时那地的影中之水（L'Ombre dans L'Eau），想必应该比人世间遇到的影中之水来得更浓烈，留香更持久。

这么说一说好像死就没那么可怕了似的。

与巴黎其他区走出来的香水品牌不同，第五区本来只盛产哲学家，没有香水这种东西

说说 Diptyque：穿过第五区的文艺复兴连廊

如果你要去巴黎，我推荐你住在第五区，选一家靠近 Diptyque 创始店址圣日耳曼大街 34 号的小旅店，在气象万千的西蒙·波伏娃女权主义之风里步行到巴黎圣母院，或者撑着小伞冒着吉尔·德勒兹的后现代主义哲学之雨去往卢森堡公园——第五区就是有这种先贤气质，风雨亦如此。

巴黎香氛品牌 Diptyque 远渡重洋来到北京和上海之后，人们除了抱怨在中国的价格是法国的 2 倍多，更多地还是把它的各种香型跟 Jo Malone、Annick Goutal、Serge Lutnes 旗下的各种香型进行无限地比对，然后问我：

“你觉得买哪个好？”

这几个牌子，买哪个都好，只要你喜欢。

但要我说，Diptyque 用以区分自我的那个源泉，来自它的起源店址，也就是那个巴黎第五区的艺术烙印，把它跟其他香氛品牌远远地区隔开来。

Diptyque 在圣日耳曼大街 34 号的创始店于 1961 年开业，这个时间可比任何一个当代沙龙香水品牌都要早，而且早了至少 20 年。其实，Diptyque 刚刚开业时并不是卖香水的，如果用今天的行业划分标准，它是一家不折不扣的家具饰品店，不单卖窗帘、壁纸，还有各种织物挂饰，从世界各地带回的摆件，很像是宜家的一角。

同时，Diptyque 也不是调香师品牌，甚至三位创始人里没有一位有调香经验的人，Desmond Knox-Leet 先生是个画家，特别喜欢游离于现实主义与抽象主义之间的线条画；Yves Coueslant 先生是个剧场导演加舞台布景师，你可以理解为电影里的导演 + 美工 + 道具，在巴黎的剧场界小有名气；而 Christiane Gautrot 女士则为建筑师事务所工作。这三人的共同爱好是绘画、艺术和旅行，起初决定开一家店的理由很直接：他们想要有个小店面来展示自己的作品和精心设计的家装。

两年之后的 1963 年，Diptyque 开始推出气味独特的香氛蜡烛，用以填补家装空间里嗅觉的空白。果然，Diptyque 的香氛蜡烛受到巴黎人的追捧，因为大家喜欢那种优雅地点燃一支蜡烛的浪漫，而且那浪漫还浸淫着精美绝伦的肉桂或者柑橘的芬芳。不得不说的还有品牌标贴的设计感，仅是为每款香氛和蜡烛精心设计的椭圆标贴，就足以打翻一大票古罗马爱好者的心水之缸。如果不是设计师或者画家做的香氛，那些标识里跳舞的字母也许是永远都不会被创造出来的，那是对意大利文艺复兴的吹捧，也代表着一种巴黎第五区的复古氛围。

于是再后来的1968年，Diptyque在已经卖到发热的香氛蜡烛产品线外，开辟了直到今天都保持相当高水准的沙龙香水线，推出的第一瓶香水是那个没有调香经验的画家Desmond Knox-Leet先生调制的L'Eau，我一直坚定地认为这位画家调香师应该是少见的直男，这第一个作品L'Eau充满内敛的男性特质，虽然用到玫瑰，但是辛而不娘，大概全都得益于满满的锡兰肉桂。

不过无论如何，我都想表达对于1983年的影中之水（L'Ombre dans L'Eau）不假思索的厚爱，对于一个很少发生一见钟情事故的处女座中年女子而言，对于L'Ombre dans L'Eau的爱却丝毫没有让我觉得草率——我爱它的至简，黑醋栗叶很明确，玫瑰更明确，除此之外，你就当误闯周梦蝶笔下的水穷之处，冷冷之初、冷冷之终。

然后是1996年的Philosykos，出自我的调香女神Olivia Giacobetti之手，同样老掉牙的无花果题材，难得的醉人之作。

—

方方圆圆的配搭

写到这里才发现把1988年的Olène忘了，但反正我也不擅长按时间排序这件事。Olène在我心里是仅次于影中之水（L'Ombre dans L'Eau）的佳作，当然首先这与我绿叶白花香型的老毛病相当契合；其次，它与L'Ombre dans L'Eau出自同一位调香师之手，Serge Kalouguine，他也是为Diptyque贡献最多作品的调香师。

当然了，介绍Diptyque如果漏了檀道（Tam Dao）和杜松（Do Son）这两支中性香的话肯定会被侧目。凭良心讲，这两支香水都没有给我留下深刻的印象，但绝

时间的旋涡，
不进也不行

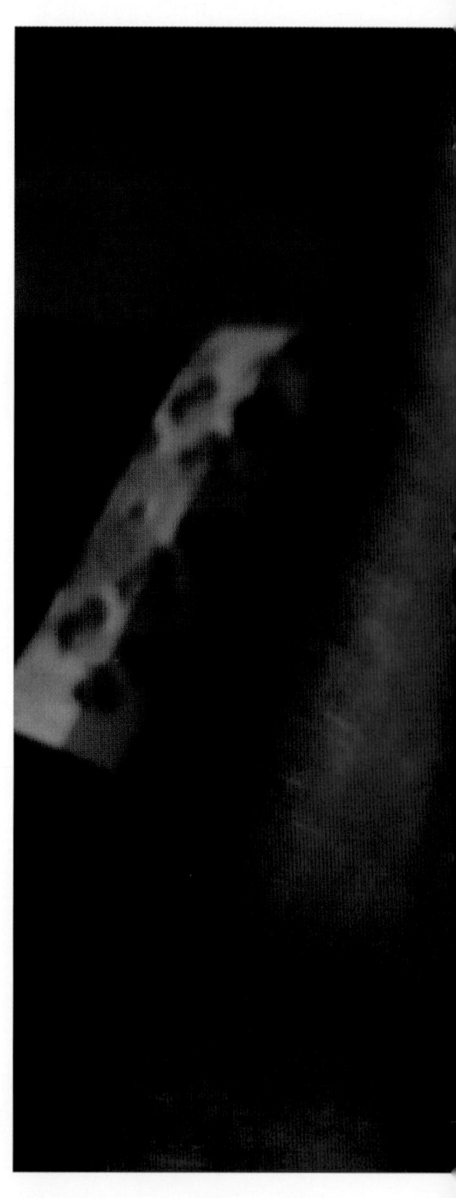

犯规一下，补一张新出的oud palao，
不算出色，但中规中矩的玫瑰沉香

diptyque
diptyque 34 boulevard saint germain
34 boulevard saint germain paris5e

不是因为它们都与越南有关。

先说檀道吧，顾名思义，这一支是檀香唱主角，好，檀香来了，那么然后呢？没有然后了！不但没有然后了，而且檀香变得更加木质了，越来越木质，而且有一种很强烈的暗淡感，好像哑光的黄金一点点氧化、沉沦；直到后调消失前，这种暗淡感都一直存在，这令我很不爽。

杜松则太过复古经典了，晚香玉跟鸢尾花是被中国的花露水品牌毁掉的东西，而杜松很轻易地就让我们想到了小时候摇着蒲扇时预防蚊虫飞舞的奶奶的眯眯笑样。

已经停产的禁闭花园女香（Jardin Clos）和2013年新产的旋涡中性香（Volutes）相比前面两支而言都可以称得上是上佳之作。我尤其喜欢禁闭花园（Jardin Clos）这一支，网络上有很多人在讨论它为什么要停产。我得到过一个小样，觉得非常腥香，我还挺喜欢风信子那种特有的腥味的，是挑衅时间、促进发霉的必备之嗅。

最终，还是得象征性地提一下为了纪念品牌创立50周年推出的圣日耳曼大街34号中性香水（34 boulevard Saint Germain）。这一支，于我是属于“复杂过了头”系列。我曾经有过一个疯狂的想法，如果把自己的100瓶收藏各取1ml混在一起会是什么味道呢？我想Diptyque显然先于我这么做了，而且效果相当不好。

总体说来，喜欢Diptyque，书写Diptyque的故事，看着Diptyque瓶身上那些卵形的复古标贴，都可以算得上是美的享受。

尤其是在囊中羞涩的学生时代，Diptyque的物美价廉成为物质世界的完美理想主义者，也是对穷人品位的无私救赎。因为它真的是物美价廉，就像我一直觉得艺术应该是同情弱者的。

所以即便是有了一些积蓄之后，我仍然不愿放弃的香氛品牌里，首先就是Diptyque。它很好地保有了一些最初的东西，比如卵形的外观、文艺复兴和旅行带来的思考、对于产品功能性的不断尝试，比如固体香膏、香氛蜡烛、单方花水、室内香氛。

所以Diptyque更像是一种应用美学，不只适用于欣赏和瞻仰，更加能够使用和触摸，听起来让人想到实用主义的哲学——这显然也更像是巴黎第五区的人会在旧建筑的连廊里做的争辩。

时间的体贴

For Annick Goutal Encens Flamboyant

献给 安霓可·古特尔 火焰乳香

不知道时间挖掘你

抑或你挖掘时间

心脏的血喷泉一样地涌着

酒一般的冷冽

——羊令野《井》

羊令野（1923—1994），原名黄仲琮，台湾著名现代派诗人。

我在阿姆斯特丹捕捉到了
我最满意的“时间的样子”

我们坐在医院外一块小小绿地的长椅上，远处的天空灰蒙蒙的仿佛融合了，近处的天空还隐约能分辨出云层的轮廓，但始终没有下雨。

一片枯了的叶子落了下来，砸到了一只正在觅食的麻雀，一群雀儿便逃命似的一哄而散。

“姐姐，它们为什么那么怕死？”

“因为它们不是我们，无法预判叶子的重量。”

“我知道自己病得很重，不久后会死，但我还是害怕。”

“没事，不怕，阿西，反正我也会死。”

阿西称呼我为姐姐，读音却是“姐洁”，我想多半是因为听了电视里某个唱跳歌手的那首歌。

每个在时间里的人都被体贴着，
就像这柔光的灯照亮我们

可她并不是一个可以随意唱跳的小孩。

她小小年纪得了重病，我通过学校里探护重病小童的活动跟她认识，后来“姐洁姐洁”地叫着，不知不觉竟然熟稔了起来。

十几岁的孩子，却懂得很多不寻常的事。她曾问我，作为一个大陆来的人，卢梭和尼采我更喜欢谁。言下之意是我或许会更听从尼采所说的。她曾问我人为什么只能靠精子与卵子结合创造生命，而不能随便揪下一块肉与桌子生个小孩。这些问题，我至今都回答不上来。

一个偶然的机会，阿西跟着我迷上了香水。有一次我从百货公司买过香水后去病房看她，她央求我给她闻闻看。一瓶是法国老牌 Molinard de Molinard，另一瓶是 Annick Goutal 的 Encens Flamboyant ——火焰乳香，本文的配角。

阿西拿着火焰乳香，像很多刚接触香水的人一样，重重一下喷在自己的腕内，迫不及待地闻起来。

“我还以为香水都是香的。”她说。

“你觉得这个不是香的吗？”

“这不是香的。这瓶香水让我想到……嗯……时间吧，它是不是叫‘时间的味道’之类的？”

“不是。”

“我一闻到它就想起有一年回台南祖屋时的情形。自从阿嬷去世后，祖屋有四五年没人住过了。里面没有人的味道，都是发霉和灰尘的味道。那它的名字跟路有关吗？”

“也没有。”

她沉默了。有点沮丧，好像她特别不聪明似的。

其实我何尝不是觉得火焰乳香有时间的味道，而且满眼都只有时间的陈念。

乳香是什么？乳香是橄榄科树木的凝固树脂。

树脂是什么？树脂是阳光、空气、水和时间杂糅进一株绿色植物后，年华老去时流出的乳汁。

“姐姐，那你觉得时间应该是什么味道的？”她追问。

又多了一道我无法回答的问题。我暗自发誓一定要给她个答案，这样她就可以记着时间的味道，没有遗憾地离去。

可究竟什么才是时间的味道呢？

几个月后的一天早上，阿西急匆匆地从台北打电话给我，沮丧地说：“我做了一个关于你的噩梦，想跟你说，但又不敢。”

但最后她还是说了。

“我梦到你死了。”“灵魂陪伴了我一阵子。”“我很难过，不敢想下去。”

“这一幕不是终会成真吗？”我昧着现实说。

“但不是现在，现在还不行。”她说。

这一句话，像一根与磷片摩擦过的火柴，点燃了我。我在想：为什么现在还不行，现在不行，将来可以吗？多久后的将来，阿西可以沉静地目睹我死去？是谁让我们在将来趋近于顺畅地接受那些我们深爱的人离开这个世界？

答案是：时间的体贴。

首先，时间选择让我们老去。人类随时间迈向衰老，而不是随时间迈向青春，你有想过吗，这是时间看似最残酷却最柔软的体贴。我对好莱坞的那部《本杰明·巴顿奇事》记忆犹新，恰如Brad Pitt在电影里的角色一样，如果我一天比一天更拥有俊美的脸庞和强健的体魄，那么我会留恋这个世界吧。因为美貌和肉体总是令人向往和渴求。如果我以一副娜塔莉·波特曼少女时的容颜面对死亡，想想就知道有多么不舍。

其次，时间选择让我们保留记忆。时间可以让我们的肉体老去，却为我们保留了累积记忆和感触的能力，这些记忆和感触留在我们的大脑中，不临近死亡时几乎分秒不忘。当然，那些时间赋予我们的记忆里，既有快乐，也有悲伤，还有分不清是快乐还是悲伤的平凡。凭借这些记忆，我们的心更加丰盈，不论经历的是否是快乐多过悲伤，我们都更懂自己生存的世界，也更懂自己；同时，我们有机会跟最爱的人于人世间道别，看着别的生命消逝，

不是你我着急逃窜，而是我们需要
在再也穿不上鞋之前多跑一段路

也对自己生命的消逝进行预演。那么死亡来临时，你应该就没那么意外了吧。

还有，时间是匀速的，它给我们等待和荏苒。如果时间真的如我们所愿，可以快转和慢放，那么这个世界上就再也没有等待和荏苒。等待的煎熬和无助让你最终无奈下来，不纠缠、不患得患失；荏苒的不留痕迹与无法知觉，让我们更懂得爱要及时，这是一种体贴背后的善意提醒。

我有了答案。时间的味道，就是L'Air du Temps。

因为这体贴忽然使我想到了法国品牌Nina Ricci有一款现成的女香——L'Air du Temps，说现成是因为翻译成中文后，名字就是光阴的故事。我一直以来都对资本化了的香水品牌不感兴趣，不相信那些追求产量和利润的行为会创造出更特别的香水。好在L'Air du Temps诞生于Nina Ricci还真诚而精致的时段。康乃馨、桃子、玫瑰、栀子、茉莉、鸢尾花、琥珀，这些俗艳的香料被有条理地堆砌，成就了很多人有关妈妈梳妆台的记忆。时间太过抽象，妈妈就是最美好的标尺。

那种老式的花香抚慰，虽来得稀松平常，却真的像妈妈的手一样，体贴着，体贴着，体贴着，有一天我们离开妈妈或妈妈离开我们，有一天我们离开这里的一切或这里的一切离开我们，时光如妈妈般体贴。

从新加坡回北京登机之前，收到阿西离开的消息。

当飞机舷窗外的夕阳变得越来越隐匿的时候，我的心正被一些情绪塞得满满的。想转移注意力，翻开机上杂志，却看到一则马航 MH370 航班的乘客家属留给与飞机一同消失的亲人的字条，上面写着：

> 老公，我等你回来。我每天坚持给你打电话，发 QQ 消息。我坚信你肯定能看到。今天是我的生日，你忘了吗？我还要你陪我过，你答应了的，快点回来吧。

我终于忍不住哭出声来，因为我亲历了阿西离开；MH370 航班的家属们也哭出声来，他们连亲历家人离开的机会都没有。我和他们一样，不仅仅是告别了一些生命那么简单，在死亡与活着背后，我们都没能幸运地享受时间带给我们的体贴，就像妈妈的手。没有那种体贴的抚慰，我们会觉得特别痛，特别绝望。

拜托你，如果正侥幸拥有，千万不要辜负了时间的那份体贴啊。

说说 Annick Goutal：妈妈，我在这里，亲爱的妈妈

实话实说，我并不是 Annick Goutal 香水的粉丝，它对我而言还是太资本化了。如果非要想到一些独特的品牌气质，我倒是觉得“母女情深”这一点是其他任何香水品牌都不具备的。

品牌创始人 Annick Goutal 女士于 1999 年离世，创始人离开之后的时间里，这个本就母女情深的沙龙香水品牌更变本加厉：Annick Goutal 的女儿 Camille Goutal 继承了母亲的衣钵。

终于，这个影响了整个 20 世纪八九十年代，鼓励了一大批没有信心的业余爱香人成为专业调香者的品牌又有了新的故事。

Annick Goutal 女士当年是个大美人，曾经是钢琴演奏家，也做过模特，再加上家境优渥，可想而知在今天应该被称为名媛。但名媛的命运往往都不那么畅快：先是还没结婚就怀上了混账男人的孩子，后是发现自己患上了乳腺癌。身体和情感的双重打击很容易催生一些根本性的转变，有人彻底放弃了未来，比如三毛、张纯如；有人彻底放弃了过去，成为一个新的自己，比如 Annick Goutal。

在跟随调香师 Henri Sorsana 学习调香之后，Annick Goutal 用 7 年时间记住和辨别不同的香料成分，并在 20 世纪 70 年代建立了以自己名字命名

的香氛品牌，立志以最大的表达自由挑战当时垄断市场的庞然大物般的国际香氛公司。

1981 年，第一波三支 Annick Goutal 香水在位于巴黎圣日耳曼的 rue de Bellechasse 旗舰店里问世出售，这三支元老香分别是：弗拉瑞（Folavril）、激情（Passion）和哈德良之水（Eau d'Hadrien）。Annick Goutal 自己曾说激情这支香水背后的精神是她自己，是她生活的原动力；而鼎鼎大名、后来受麦当娜追捧的哈德良之水（Eau d'Hadrien）的灵感则来自于法国女作家 Marguerite de Crayencour 的代表作 *Mémoires d'Hadrien*（《哈德良回忆录》），这本小说是一个虚构的罗马皇帝的自传，小说里的哈德良坦诚而自信，那种气质深深浸染了调香师本人，从而创作出了哈德良之水（Eau d'Hadrien）

一些不太常见的古龙水也不错

这样风格鲜明的古龙水，男女通杀。

Annick Goutal 执掌品牌的 20 年间，她确实给远离主流香氛世界的独立调香师，特别是那些并非出身名门世家的天才树立了一个触手可及的榜样，使 James Heeley 这样的天才敢于相信自己，不以远离主流自轻。

之后接班的女儿 Camille Goutal 继承了母亲独立自信而女性化的调香风格，创造了母女情深的跨世代联结，虽然形式上的代代传承在香水品牌里并不少见，比如英法混血品牌 Creed，但对于精神的传承，Annick Goutal 香水品牌绝对是数一数二的。

Annick Goutal 旗下有 50 余支调香作品，我试过的并不多，但其中的几支还是给我留下了深刻的印象：

Eau de Camille 女香是母亲在 1983 年送给女儿的礼物，只因为某天清晨当时 7 岁的 Camille 站在布满常春藤的阳台上说："妈妈，我能拥有这个阳台的味道吗？"那个阳台上有什么？茉莉和常春藤为女儿塑造了一个专属的雨后花园，那里有青草，有白花，有新沾染的雨露，有爬山虎，还有清晨阳光里的母亲剪影。

可惜的是，Eau de Camille 已经于 2013 年停产，成了永远的记忆。除了 Eau de Camille，1998 年推出的 Petite Cherie 是母亲献给年轻女儿的青春洋溢活泼之作，却常被我拿来作为品牌的负面教材——那哪里是青春活泼，分明是粉嫩加幼稚。

所以 2011 年的 Mon Parfum Cheri par Camille 女香推出的时候，很多人都默默地流下了眼泪。这一支换作女儿送给已经过世十几年的妈妈，我习惯翻译它为"我最亲爱的女士香水"，本来法语原意里并没有"最"的意思，但我总是会不经意地想起张惠妹的一首很相似的情歌，她在歌中唱道："我最亲爱的，你过得怎么样，没我的日子，你别来无恙？"

在女儿致意母亲的这支香水里，大量的广藿香让人感受到一种厚重而深沉的东西，有些人甚至以"奇怪"二字来形容广藿香夹杂李子还有紫丁香的味道，也有很多人并不习惯广藿香的"药感"。殊不知《红楼梦》里我们的审美大师贾宝玉心心念念地说："药香最雅，比果香花香都雅。"我想，因此他才爱上每天吃药的林妹妹也说不定。但一直被说成藿香正气水 style 的广藿香确实是我最爱的香料之一，所以我选 Mon Parfum Cheri par Camille 这个奇怪香气做第一也并不奇怪。

2003 年的一支 Des Lys 女香一直都承受着沧海遗珠之憾，好像从来也没被提起过。但这是正经八百的绿叶花香调，百合的凛冽，加黑醋栗叶的更加凛冽，加常春藤的更更凛冽，很符合东亚人对于清新的终极追求。

1985年的男香Vetiver也绝对称得上预测帝。在那个年代可以使用盐元素入香真的可以称得上敢闯敢拼，这支香水是很多优雅男士的压箱底保留香气，在那样的年代，敢把烟草、盐和香根草混入一瓶，需要多么大的热忱和多么自由的灵魂！虽然成品中的微咸和大苦不是所有人都能接受的，但我觉得Vetiver代表了Annick Goutal超专业级的调香水准，同样具有超专业级调香水准的还有同年的Sables男香——勇敢的肉桂加胡椒。

另外2007年推出的东方系列四支重口味香水：火焰乳香、没药微焰、琥珀信仰、游牧麝香。虽然不是普罗大众热衷的题材，但我是由衷地喜欢。四支东方题材都做出了某种燃烧感，这种感觉很微妙，少有其他品牌能做出风格相同的作品。

火焰乳香这一支的燃烧感最明显，常让我想到历经大火摧毁的中世纪教堂，有乳香的宗教仪式感（因为乳香最早就来源于祷祝），也有焚香的灰烬感，而且二者既不冲突也不融合，这是非常美妙的各自精彩。

虽然Annick Goutal从诞生时商业属性就非常浓重，比如区分男女香型，而且用不同的瓶子装香水：女香圆润优雅，系着丝带，男香方正有棱角——这被很多人认为是面向市场的自定义，我也这么看。

可是从Annick Goutal到Camille Goutal，那种由母及女的真诚和自信从没有中断过，那就是品牌灵魂。这也是Annick Goutal香水可以成为国际资本的宠儿，近十年得以在整个世界迅速扩张的主要原因。

Jo Malone
London
Blackberry
& Bay
Cologne

第八章

忠孝公园里的祖·玛珑

For Jo Malone Blackberry & Bay

献给 祖·玛珑 黑莓与月桂叶

最好是黎明前无心摊开的
全部，波动于清洁的大气
于空间和时间偶然交会的
一点定位并且加以占领
——杨牧《树》

杨牧，本名王靖献，1940年生，台湾著名诗人。

“我们约在忠孝新生捷运站 2 号出口，到了电话联系。”

某次要离开台北回新加坡的晚上，跟朋友约好一起吃晚餐，她传来这么一条短信。

我马上反应过来：“忠孝新生捷运站 2 号出口，哦，那不就是忠孝公园？”

这快速的反应，让我自己也吓了一大跳。随之而来的，还有无尽的失落——忠孝公园于我已经没有任何惊喜可言了，对吗？

初遇

四年前刚到台湾时，我曾经有一位关系非常要好的男性朋友。就像很多男男女女间的暧昧一样，我们就始终保持着那种互称“好朋友”的状态。

有一天我们一起看过了电影，找了一家餐厅坐了下来。他轻描淡写地说他爱上了一个人，但那个人不是我，我只是好朋友——他使用了互称好朋友唯一的便利。

我记得，听到那些话时，我一句话都说不出来，像只失了魂的苍蝇，起身就走，化解尴尬局面。

他就一直静静地跟在我身后，进地铁、坐电梯、上地铁，我们就在地铁车厢里冷冷地看着对方，像隔着一个世纪。不知过了几站，我趁某一次停车开门时，以最快的速度窜了出来，随便找了一台电梯——我不知道那是哪里，我只想快点回到地面上，大口喘气。

他也跟我上到地面，而眼前是个微型的公园，有一小块场地划分给孩子们，当时正是雨后的晚上，耳边传来孩子们银铃般的无忧笑声。我却大口喘着粗气，上气不接下气。

吐纳间，忽然有一些雨后的树木发出的味道散发出强大的打扰力，好似一间布满灰尘的玻璃房子被清洗得窗明几净，而太阳还没有来得及温暖这里。

多年以前，我曾经有机会闻过刚刚萃取出的大名鼎鼎的月桂叶香精的味道，与我想象的不同，月桂叶与月桂皮竟然没有一丝一毫的耦合，透着一股子不真实的苦，也似乎与月桂在古希腊时被赋予的高贵成功完全搭不到一块；后来，我又有机会闻到黑莓香精的气味，与有同名之雅的红莓、蓝莓大不同，黑莓反倒有黑加仑子、黑加仑叶和常春藤香精的气质。这两个出乎意料的家伙，被我归为背叛名字的香料，以至于当我发现 Jo Malone 有一款香水混合了这两个家伙的时候，便毅然决然地从闺蜜那里用“重香”交换。

而那时那景的那个小公园，一下子让多年以前关于月桂叶和黑莓香精的记忆被重新唤起。我深吸着那不知道是什么树木被雨水冲刷后发出的凛冽香气，小公园瞬间在我的脑海里弥散了，就像一大瓶 Jo Malone 的黑莓与月桂叶，喘着喘着，竟然神奇地让我渐渐平静。

对我而言，那一天虽然满是尴尬和沉重，却因为一种气味，变成可以坐在公园里跟他彻夜聊天，解开心结，仿佛真的成了好朋友。

小公园里藏着 Jo Malone，似乎远比谈话内容更拨动我记忆的弦。

重遇

一个月以后，我开始学习拉小提琴。一方面是因为听到一首打动我的曲子，一方面是打发无聊时光。

那时我最大的愿望，就是能早日流畅地拉那首曲子。可是学了小提琴以后才知道，那首曲子要练习三年以上。我很失落。更要命的是，我甚至连那曲子的曲谱都没有。

我于是求助万能的Facebook，请教哪里可以找到曲谱。不知是因为万能的Facebook，还是万能的台式温暖，我得到了一位根本不相识的“朋友的朋友”（通常基本等同于路人的称谓）的帮助，他愿意把他的曲谱送给我。

这位热心的朋友不但冒雨跟我见面，还把曲谱用活页夹装好，避免淋雨湿掉。

作别了台式温暖，我心满意足地走出他家所在的巷子。

“咦？这个小公园？”

就是那个昔日充满黑莓与月桂叶香气的公园。

我给曲谱撑好伞，站在雨里大口吸气，就如一个月前那样。那气味一丝一毫都没变，Jo Malone 的黑莓与月桂叶的气味。

大雨中的重遇给了我心满意足以外的惊喜，那种感觉很难形容，像是一转身遇到一位叫不出名字的老熟人，比如大楼管理员、7-11 便利店的店员或是餐厅服务员，只是他们换上了不同的衣服。

但我还是没有在意公园的名字——即便一再出现，对于我的生活而言，它只能算是个配角。

再遇

不知什么时候开始，我在朋友间发明了一种狡黠的游戏：坐上地铁，把目的地交给老天爷。

比如三位朋友一起准备出门找咖啡馆聊天，那么每人说一个数字，第一个人说的数字就是要坐几站地铁，第二个人说的数字是几号出口，第三个人说的数字是第几条巷子。

—

号外——我的小提琴是
Tom Ford 日本李子味道的

这种游戏有两个前提：第一是这个城市的咖啡馆要足够多；第二便是这些咖啡馆里不会有太烂的。那么好了，台北几乎成了世界上唯一可以玩这个游戏的地方。

或许我要说的，其实已经非常明显了。

在一个阳光普照的秋天的下午，我跟两位朋友最终用这个游戏抵达了忠孝新生捷运站 2 号出口。一上到地面，我就不禁笑出声来，我竟然还是遇见了你啊，老熟人！

一瞬间，因为这小公园，我竟对台北生出些挚友般的情愫：她好像懂我，为我安排了一些总能激起我情绪的小惊喜。要遇到这样一个人可不容易啊，我心里想。

“Jo Malone 的黑莓与月桂叶。”我习惯性地说着，不再特地走进去大口吸气。

失去

遇到三次后，我到 google 上搜索了它的名字——忠孝公园，也记住了它的地址——忠孝新生捷运站 2 号出口，我失去了一些什么，我确定。

生命活过越多的时间，看越多的书，懂越多的“道理”，便越难糊涂，我们不再糊涂，就不会再有偶遇和惊喜出现在生命里。

我们永远不能把知道装潢成不知道，就像把不知道假扮成知道那样。

因此忠孝公园的味道，再也不能给我惊喜。

重获

晚餐赴约时走出捷运站的一瞬间，我看到蓝色的网子把小公园团团围住，网子的外面贴出了一席整修公告。公告里没有说这个小小的忠孝公园将被整修成什么样子。

但从网眼中望进去，已经是面目全非般的陌生——连那几棵树和儿童游乐区也没能幸免。

我却莫名其妙的一点都不失落。

那个将要变成无趣无味的老熟人，竟然毁灭了自己。

它的改变当然不是为了给我惊喜，却实实在在地让我对它又有了某种期待。我下次再来，会不会惊讶地发现：这不就是昔日的忠孝公园吗？怎么成了这副鬼样子！

天晓得，对一处地址抱有不期而遇的感触，对一种气味投以喜新厌旧的轻浮，对一个城市持有改头换面的幻想，是人生多么重要的事情。

后记

在那之后很久，一位文学界的前辈向我推荐了台湾作家陈映真的一本小说集，书名竟然就是《忠孝公园》。我庆幸的是，还好没有在遇到忠孝公园之前读到《忠孝公园》，不然我就会失去这些记忆。

《忠孝公园》是其中一个中篇，写的是大陆、台湾、日本在平凡人身上的错位与哀愁

说说 Jo Malone：小姑娘的机场免税店

那个叫祖·玛珑（Jo Malone）的小姑娘在 5 岁时曾在母亲的美容院里欢快地玩耍，但美容院就只是美容院，虽然充满做脸的味道，却再通俗不过；那个叫祖·玛珑的小姑娘在 6 岁时把昨夜因霜露坠落的玫瑰花瓣一一拾起，放进精美的玻璃瓶子里。那时，她真的想不到多年之后，以她的名字命名的香水品牌会成为普通人了解沙龙香水的入口，会成为远在东方的韩国人最爱的香水品牌第一热。

在母亲的美容院工作时，有一次祖·玛珑调制了一种肉豆蔻和姜花香型的浴油送给客户，没想到却大受欢迎，有人为了开 party 一下子就买了 100 瓶，结果参加 party 的客人中有 86 个向她购买同样的浴油。不得不承认，有些人既有天分又有好运气。热爱各种香味的小姑娘祖·玛珑在 1983 年嫁给了Gary Willcox，从此两人成为事业的拍档，一起创造了一个香氛王国——Jo Malone。但与很多调香世家出身、受过科班训练的香水品牌创始人不同，Jo Malone 始终没有念过香水学院，她更加不懂有机化学。有香评人曾直截了当地讽刺过祖·玛珑这个品牌："因为没学过，所以尽量起听起来简单的名字。"

事情似乎被这些香评人说中了，如果说祖·玛珑给人什么惊天动地的第一印象的话，那么非旗下香水的名字莫属：几乎统统是少于或等于两种香料的直白陈述，像杏桃花与蜂蜜、黑莓与月桂叶、鼠尾草与海盐；当然还有更直白的单方香料名字，像黑石榴、红玫瑰、蓝风铃。

但是千万不要误以为这真的只是简单粗糙，虽然名字如此，但香水本身并不是只有这些名字里的香料。没有科班训练从来不是伟大调香师的障碍（瑞典人Byredo和法国人Serge Lutens都可以证明），随波逐流与落入窠臼才是。

恰恰相反，因为祖·玛珑的反冗余和极简主义倾向，反而营造出一种法国早期香水工作室的氛围，方方正正的经典款瓶子令很多人第一次认识了香奈儿、娇兰以外的沙龙香水世界。

与一个叫Herve & Gambs的巴黎品牌相似，祖·玛珑最另类的业务是空间嗅觉管理，说得这么高大上，其实这件事情的核心在于哪些重要的场合空间里弥漫的是Jo Malone的味道。于是我们看到了一些历史悠久的皇室宫殿，比如伦敦的阿尔伯特皇宫；还看到了一些皇室大婚现场，比如黛安娜王妃与查尔斯王子、凯特王妃与威廉王子。被皇室临幸的那一刻，那个小女孩祖·玛珑就注定不再平凡。

我手头的几支Jo Malone算是非常典型的代表了。

丝绒玫瑰沉香木女香（Velvet Rose & Oud）当然是毫无疑问的至美，从比较物质的角度来看，这一支丝绒玫瑰沉香寥寥几种香料却几乎囊括了所有撩人的东西，比如沉香，比如红玫瑰，比如坚果糖，简单的诉求往往能做出大美的香气，Velvet Rose & Oud在我的沉香木系列排行榜中荣膺亚军，仅次于后面要讲到的法国品牌MFK旗下的丝绪沉香女香（OUD Silk Mood）。

当然，说到Jo Malone如果跳过全球销量数一数二的蓝风铃草女香（Wild Bluebell）肯定不合适。在我身边的沙龙香水入门女性中，蓝风铃草女香（Wild

一次性把蓝风铃和杏桃花
与蜂蜜都拍完好了

Bluebell）的好评率几乎是100%。那种清新、与世无争的空净，让很多忙碌了一整天的人得以真正静下心来，享受写意的时光。

说到清澈凛冽，还有几支也不得不提。黑莓与月桂叶中性香水（Blackberry & Bay），也就是前面说的忠孝公园里的雨后气味，看名字是黑黑的，却是一片雨后热带树丛的潮湿、干净；伯爵茶与黄瓜中性香水（Earl Grey and Cucumber）又是不太一样的果蔬之清新，其嗅微苦可餐；鼠尾草与海盐中性香（Wood Sage & Sea Salt）这一支是微咸版的大自然，从而也就更加真实地贴近自然，让人如入无人之境。

最后，Jo Malone最擅长的用以取悦全世界少女心的花果香自是不必赘述了，几乎每一款都打中少女情怀，杏桃花与蜂蜜女香（Nectarine Blossom and Honey）的油甜，白茉莉与薄荷女香（White Jasmine &

Mint）的甜甜青草白花香，红玫瑰女香（Red Roses）的回归玫瑰本身的红与清甜……应该说所有的 Jo Malone 作品都不需要你鼓足勇气、做好准备，而就那么顺顺地来到你面前。

带着这股子平顺，Jo Malone 的专卖店从 1994 年开始陆续开到了纽约、巴黎，1999 年，美国美妆业巨头雅诗兰黛收购了 Jo Malone 品牌的大部分股权，Jo Malone 成为大时尚集团的多元化资产配置之一——雅诗兰黛是最早预测到工业品大众香水会迎来瓶颈的集团之一。

但我猜当年的这场收购交易规模可以用不值一提来形容，而确实不能否认的是雅诗兰黛帮助祖·玛珑，也就是那个从小热爱气味的小姑娘，把专卖店开到了世界所有重要市场，包括对于沙龙香水最为迟钝的中国大陆市场。

随着 Jo Malone 走进越来越多的机场、Shopping Mall、免税店，它也越来越多地走出小众香水店，走出小众香水爱好者的生活，也走出我的视野。我很难相信一个在全球所有知名购物街开满专卖店的沙龙香水品牌可以不顾数量地像以前一样在意天然原料比例，在意作品的独特性；我更难想象，除了拥抱指向规模化的工业生产和代工，Jo Malone 还能找到什么蹊径来满足那么大的市场需求。我只能说我也和很多香评人一样怀有来自大宇宙的恶意揣测，但往往事情都被猜中。

但扪心自问，我会永远记得 2009 年第一次走进祖·玛珑香港旗舰店买沙龙香水时的战战兢兢和自觉与众不同，会永远记得第一次体会到沙龙香水与大众品牌真的有气味品质差异时的沾沾自喜，会永远记得那些以两种以下香料命名的 Jo Malone 各式香水背后牵引出的小人生。

当 Jo Malone 的店面门庭若市的时候，总会有新的 Jo Malone 香水来满足小众香水爱好者们的生理和心理需求，总还会有一些刚刚接触沙龙香水的新人代替我们走进 Jo Malone，这真的一点也不奇怪。

新加坡

Singapore

第九章

Ben 给的潘海利根

For Penhaligon`s Iris Prima

献给 潘海利根 骄傲的鸢尾

PENHALIGON'S
LONDON
Iris Prima
PERFUMERS
EST 1870

到了最后　我之于你

一如深紫色的鸢尾花之于这个春季

终究仍要互相背弃

—— 席慕蓉《鸢尾花》

席慕蓉，生于 1943 年，
全名穆伦·席连勃，当代
画家、诗人、散文家。

糟糕天气里降落的飞机，总是能检验出你心底到底还藏着多少未达成的欲望——我未达成的欲望显然很多。

应该就是那道闪电，好死不死地映照出我孤立无援又有所期待的生活。

那一年，我生活在新加坡，被迫成了单身。当然，这句话的重点显然不是单身。

本以为漂泊的生活应该是充满激情和收获的，而事实却是我一直在丢东西。

其中最重要的失物，就是那长达十年的爱情。长期分隔两地，FaceTime里的那个人最终还是败给了另一个活生生的人，但这听起来好像非常合理。被别人放弃后，总是喜欢找几首歌套入自己的故事，然后流泪，然后叹息说这首歌写的就是我。就在那样一个低落的当口，我认识了Ben。

当Ben穿着一套合身的米灰色西装，手里拿着一瓶潘海利根（Penhaligon`s）在2013年联合英国国家芭蕾舞团合作推出的骄傲的鸢尾（Iris Prima）在到达口焦急地东张西望并频频看表时，好像一切都来得那般突然，但却又是那么理所当然。

我跟Ben本来不应该认识的。

我有一个德国来的男生朋友，有段时间在做一种奇怪的工作：邀约漂亮的女孩去某个夜店免费喝酒、跳舞，然后堂而皇之地拿着还不错的兼职薪水。在朋友的大力邀约下，我去过那家他供职的名叫Fashion Club的夜店两三次，就在最后一次，我呆坐在沙发上放空时有个梳着夜店里典型的油头，带着还算阳光但是略显滑腻笑容的男生走了过来，后面跟着一位腼腆并显得有些局促的身材高壮的漂亮男士。油头男先跟我攀谈起来，他说他的朋友想认识我，于是指了指那位腼腆到不知道自己该站还是该坐的举着两杯酒的男士，那位就是Ben。

因为常年写香水专栏的关系，我对香水异常敏感，尤其是一些别致的沙龙香。那天在Fashion Club第一次遇见Ben时，当他轻轻且不好意思地坐在我身边、把酒递给我、我没有接他的酒、他尴尬得不知如何是好的短暂程序中，一股熟悉的味道扑面而来，一直穿过心墙让我有在夜店舞池翩然跳起芭蕾的欲望。“Iris Prima”？

Iris是鸢尾花，一种珍贵而且出油率很低的春之花。我一直认为，鸢尾花之冷淡令她成为花香中最高贵的，没有之一。多年之前，在席慕蓉仍旧被人们心心念念的时候，我和几位小伙伴在初中操场的旮旯读到几句诗：

到了最后　我之于你
一如深紫色的鸢尾花之于这个春季
终究仍要互相背弃

读到的那一瞬间，就像多年的笔友不再来信一般，一种孤独从毛孔里往外冒；我能理解席慕蓉为什么那么说，可能正是Iris那“等一下我就要离开了”的冷淡气质。所以从那时开始，我就害怕鸢尾花，或者说是不喜欢席慕蓉笔下的短别。

而Iris Prima从这种意义上而言是着着实实的挂羊头卖狗肉：胡椒、茉莉、皮革、檀香，这些同僚好不给面子地把鸢尾花遮了个严严实实，甚至遮成了一个男人。在中调时大量的皮革、檀香冒鸢尾花之名完整地刻画了一个绅士。第三次试香时，跟Le Galion的Iris单方香水比对着，我才好不容易从Iris Prima里发现了那么一丝丝害羞的鸢尾花——但这却成了我留心这瓶挂羊头卖狗肉香水的最大理由。

好像这样就不会那么短暂了，多了几分深沉的持久。

他应该是看了我的
背影过来搭讪的吧

Ben略带惊讶而腼腆地笑了。顿时，我对Ben刮目相看，一点都不夸张。我想我可能会给他留电话号码，我说服自己第一次这么做了。

Ben接到了我，给了我一个大大的拥抱，然后把手中的Iris Prima给了我。Ben有一份很体面的工作，在新加坡体面的工作基本上可以跟金融业互为注释，而到底有多体面则取决于他的职位高低。我们从夜店分别之后，到机场接机之间，总共见过两次面。

第一次是午餐， Ben给我留下了深刻的印象：他有礼貌、体面、幽默，总之，完全不同于那些不解风情的男人。

Ben出差回来，我们约了第二次见面，那一次是晚餐。他贴心地来我住的地方接我，然后毫不询问我意见地把我带去一家灯光美气氛佳的法国餐厅。在老套的法餐间隙中，我们聊到了很多关于对彼此的感觉，特别是气味。他说他在我身边坐下时闻到一种夹杂在汗水味道中的舒服的香味，令他欲罢不能。餐后，他开始读我用中文写的香评。读完一些，就会发来一些简短的文字，说说让他产生共鸣的几种香水，有时也顺便提起以前的某个女朋友。

香水好像就是这样一直与爱情密不可分。

车子在东海岸机场高速上开着，我跟他相视笑了笑，有种害怕太轻又害怕太重的奇怪氛围，我们的眼神中总是夹杂着一些无可名状的东西，这种东西如果一定要拿来打比方的话，它很像是铅笔：写得太用力会断，写得太轻怕有天就风化得再也看不见了。

车行到了一处乌节路的公寓附近时俯身驶进了地下车库，我一时有些错愕。

“这是哪里？”我问。

“我家。”他努力掩饰着对我过激反应的嘲笑。

Ben 亲自下厨，为我准备了丰盛的晚餐。妇女平权运动开展至今，想要抓住女人的心也要如法炮制了。Ben 虽然没有做出北京的炸酱面，或是无锡排骨，又或是上海小笼，但那充满黑胡椒奶油香的意大利面还是温暖了我颠沛流离的胃，再配上一碗洋葱浓汤，我觉得我所拥有的新的幸福甚至远远超过从前的——虽然明智的人不赞成这样的对比，可当下的感受就是如此。餐后我们一起收拾餐具，就像一对同居多年的恋人，他洗碗我擦干，然后轻轻放回摆放整齐的碗柜。

当我们坐在他家顶楼的 Roof Bar 喝着香槟吹着湿腻的新加坡的风的时候，“气氛佳”三个字在酒精的酝酿下已经无法形容我们之间的氛围，那个吻都咸湿而美好。过了一会儿，我跟 Ben 要了房门钥匙，回他的房间借用洗手间。我用过了厕所之后，在洗手台洗手时开始好奇地乱看。我看到一瓶爱马仕的大地男香放在洗手台的一侧，这是 Ben 今天的味道。

香水瓶的后面是一面镜子，镜子同时也是一扇小门，通往洗手台上面的小立柜。我打开小柜子的门，那真是一个懂香水的男人的香水柜，通俗到香奈儿的 Bleu，中庸到 Azzaro Chrome，生僻到阿蒂仙之香、冥府之路，当然，

Iris Prima 也被安放在一个显眼的位置——香水柜中显眼位置的隐意是这个男人的偏爱。

往上看时，上面的一层摆着三支女用香水——不是中性香水，我的心像被重物钝击了一下。

一瓶是 Jo Malone 的蓝色风铃草，一瓶是娇兰少被提及的一千零一夜，还有一瓶是某个美国拉丁裔女歌手以自己名字命名的香水品牌的忘了是哪款香水。我定在那里，目不转睛地望着这三瓶风格迥异的香水，很久没缓过神来。良久之后，我鬼使神差地检查了三瓶香水的瓶口——丝毫没有变黄的液体流出来。

这说明什么呢？说明这些香水最近才被使用过。

时间过得好快，快到巨大的失望在我娇嗔的欣喜中，竟迅速筑起一座要用三五年才能筑起的秒懂之城：我明白，我知道（对，就是这个该死的我知道），这三瓶香水来自三个不同的女人，她们最近都来过。

我对这个判断有 99% 的把握。

我无法承受的不只是一个善于一夜情的男人，不只是他还在交往其他女人，甚至不是因为这样的其他女人至少有三个。最根本的原因是，我讨厌自己做不特别的事，我就是想在夜店里找个男朋友，这样才能满足自己的特别欲。我确定自己开心于做个少数派，无法因为 Ben 而变成大多数人。

Ben 按响了门铃，我拖着满眼的失望跟无助给他开了门。他沉默了，开始道歉，开始跟我描述起这三个女人都是什么样的人。我制止了他。

我知道她们是什么样的人，也知道这三个女人中他比较喜欢谁。我一度觉得，对 Ben 特别抱歉——出人意料的，因为，也许如果我不是知道这么多，知道这也知道那的话，我也许会成全我们的关系，不负他一个月以来在我身上所浪费的时间。

带有期待的孤寂是件多么危险的事，我劝自己，就算再悲观，也不要轻易选择。自我感觉良好的男人醉心于伪装成纯贞男子周旋在不同女人中间，就像一场又一场、今天美洲明天大洋洲的说走就走的旅行。但我不是怨怼，我相信Ben给我的那些害羞、微笑、眉眼、倾心都是真真实实存在过的，只不过，对他而言，这些事物并不稀有，它们会常常出现。

无论如何，Ben做了一件好事，他让我觉得，对香水的热爱在我人生重要的关口，毁了我的幻想，给了我非同凡响的一巴掌。

我并没有丢掉他送的那瓶Iris Prima，并一直用到了现在——我从来不会跟香水过不去。

说说Penhaligon`s：难以出轨的矜持

提起Penhaligon`s，我提醒各位读者，我们现在把视线转到了矜持的英国。

如果仔细观察这个品牌的LOGO，你会发现两枚类似徽章的东西，隐隐透着皇家气派。没错的，一枚是爱丁堡公爵徽章，是现任女王的丈夫菲利普亲王授予的；另一枚则是1988年戴安娜王妃授予的Princess of Wales徽章。如果做一件俗气的事情，我可能会把Penhaligon`s、Floris和Grossmith三个香水品牌并称为英伦老香三剑客，除了Penhaligon`s以外的那两位我们改天再聊。与本书第十二章中介绍的英法混血品牌Creed不同，Penhaligon`s是极其传统的英伦香水品牌，从未有过二心，可能有也就那么一两次的疯狂出轨，下面会提到这仅有的出轨。

Penhaligon`s于伦敦发迹，其品牌创始人威廉·潘海利根（William Penhaligon）是一个来自英国小地方Penzance的理发师，对，你没有看错，就是理发师。这也引出了Penhaligon`s最为特别的身世：1870年，伦敦的Piccadilly有一家全城闻名的土耳其浴场，于是潘海利根先生就在土耳其浴场旁开设了理发店，许多客人在沐浴过后就到他的店里修整仪容。所以土耳其浴场加上潘海利根的理发店就几乎成了优良仪容仪表的代名词。

两个 LOGO 略
显霸气

你要问我，一个修整仪容仪表的美发师怎么做起了香水，还做得这么风生水起？那我只能告诉你：说不定当初开理发店时他只是错用了自己的天赋。潘海利根先生在经营理发店的同时，用业余时间开始了对香料及香氛的研究。数年后，他根据伦敦土耳其浴场周围洋溢的奇特沐浴过后的香气成功调制了旗下第一瓶香水：土耳其哈曼（Hammam Bouquet）。土耳其哈曼由非常东方的香料组成，比如土耳其玫瑰、琥珀、雪松、麝香，以及最重要的——薰衣草。

这瓶土耳其哈曼后来为 Penhaligon`s 品牌赢得了广泛的赞誉，其中最大咖的拥趸包括伊丽莎白二世女王的丈夫菲利普亲王、非常有性格的男星伊万·麦奎格（Ewan McGregor），永远的歌剧皇后玛丽亚·卡拉斯（Maria Callas）甚至在登台表演前一定会将土耳其哈曼洒在手帕上并放置于表演舞台的四周以定神。

不过可惜的是，辉煌总是带有某种过去式的表达法。

随着第二次世界大战中英国战况每况愈下，Penhaligon`s 不得不暂时结束经营。好在战争总有结束的一天。1975 年，在欧洲经

济复苏已经到达一定程度时，伦敦Covent Gardens附近一家Penhaligon`s旗舰店在家族后人的努力下重新开业，继承了一个世纪以前的优良配方和低调、踏实的传统英伦制香工艺。

皇家、矜持、高雅应该可以用来描述Penhaligon`s，但非常遗憾的是，我从一些公开资料里读到香水品牌控股公司Puig似乎收购了这家百年老店的股权。Puig给我的印象不太好，因为它太精于控制成本跟市场宣传了。所以当我回想起我曾经在新加坡金沙赌场的出口处看到一间十分华丽的Penhaligon`s旗舰店时，我不得不承认遗憾是在所难免的。

在资本面前，我们能有的也只剩遗憾了。（瓶盖用几次以后就松得不行，根本盖不住了，一点也没有沙龙香精致的作风，应该反思！）

开头不是卖了个关子说Penhaligon`s疯狂地出轨过一两次吗，这支的名字叫Tralala。首先这瓶香水的调香师Bertrand Duchaufour就出了名的不按套路出牌。Bertrand Duchaufour服务于巴黎老牌沙龙香品牌阿蒂仙之香（L'Artisan Parfumeur）多年，创造了数十款出其不意的鬼马作品。当然，这瓶Tralala也是他的得意之作，是Penhaligon`s与鬼马时装品牌Meadham Kirchhoff的一次通感跨界合作。做香水的还来做香水，做衣服的继续做衣服，互相碰撞火花，给彼此不一样的思维，或者说偶尔出轨的机会。

我很赞赏这样的合作，那些自己做一做衣服有名气了就想当然地认为应该推出一个香水系列的想法，并没有Tralala这么性感。

这瓶香水很值得收藏，太爱里面的藏红花和威士忌，这两个前调让这款香水完全跳出了我对Penhaligon`s的既有想象，那感觉真的是醉了。除了法国干邑品牌Frapin的香水系列曾经给我醉了的感觉，基本上就是这一支了。

然而除了 Tralala 之外，Penhaligon`s 满满的古典、保守、矜持成了它在沙龙香水界的标签，想想除了直到 20 世纪初仍会将王尔德以鸡奸罪投狱的英格兰人，还有哪里的人会撑得起这份亘古沿袭的矜持呢？难怪这样的矜持，只是偶尔出轨一次，都会有令人心心念念的性感。

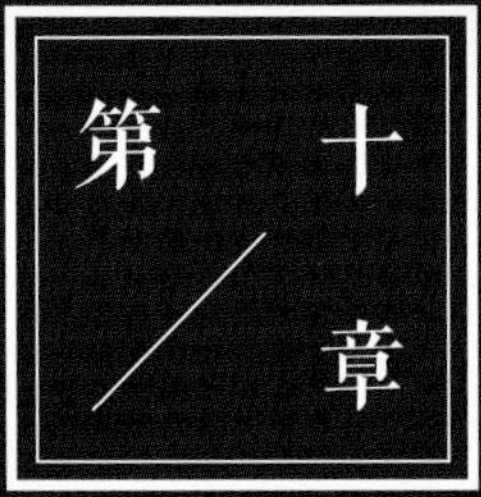

香奈儿

For Amouage Honour

献给 爱慕 光荣

HONOUR
AMOUAGE

思想在脑垂生锈的线路里成了难民。
用月亮，我收买少女和银子的光泽；
用城镇，一只替罪羊，我找到无穷的证据，
找到一副瑟缩发抖的骨骼，充满烦恼。
——潘维《被沉重的空气压着》

潘维，生于1964年，
当代诗人，浙江湖州人。

我小学六年级的时候写过一篇作文，题目叫《星洲随想》。大致是讲我跟爸妈在新加坡旅游时看到饭店门口的乞丐能够得到善待，进而犀利地反思我们周遭世界的不宽容，最后用鲁迅常用的自我批评语气表达了对周遭文明丧失的失望和对新加坡的向往。

其实我那时根本就没去过新加坡，连国都没出过。

写那篇文章的起因是看了某本杂志上关于新加坡的报道——我还记得那篇报道叫《文明狮城新加坡》，里面大段大段地赞扬新加坡的文明进程，而我也就毫不犹豫地信以为真。特别是讲过马路闯红灯要拉去鞭刑那一段，我想直到现在还有好多人都以为那是真的。

多年之后，机缘巧合，我开始在新加坡生活。

可是这种生活并不正常，按照正常的程序，但凡到一个新的国家居住，势必是由浅入深地了解国情、社会和民风什么的。可是我的这种新加坡生活某种程度上像一个终偿夙愿的老者，带有从小学六年级时开始的期待，然而还来不及做肤浅的了解，就被迫有了犀利的深度。

这种深度倒不是因为我多么睿智，多么有洞察力，而是因为我开始在新加坡国立大学李光耀公共政策学院转行念起公共政策——一方面班上的新加坡同学都是来自政府各部门的官员，从他们那里总能听来不那么一般的小道消息或是被带去一些游客根本不可能去的角落；另一方面，我们在课程中需要对新加坡的施政策略有全方位的了解，于是我对新加坡的了解程度超出一般人。

一年多时间过去，颇有揠苗助长的意味，自小学六年级开始的期待就像只没被喂饱的鸭子，已经渐渐不饿了。临离开时，一位当地朋友问了我一个很难回答的问题：“新加坡人给你的印象怎么样？”

“就像香奈儿。”我毫不犹豫地说。

“Why Chanel？”他追问。

我当时想到了两个很可爱的小故事。

去过新加坡的赌场的人都知道，跟澳门或拉斯维加斯相比，新加坡的赌场更接近一种娱乐的氛围，不必担心赌场门外的名牌手表当铺门庭若市；对我来说更重要的是每次赢够买一瓶香水的钱，我就可以收手。新加坡金沙赌场外面有一家潘海利根的店，而那里也就成了我赌博后最常光顾的地方，有时也会坐上几站地铁到乌节路的Essentials，那边在出售一些欧洲来的沙龙香水。

我有一个不忠实的赌友——Chris，新加坡的法律规定每个公民或永久居民每次进出赌场都要付100块新币，因此他的不忠实也是迫于无奈。有一

站在Marina Bay看新加坡，
那么精致而有美感

乌节路 Tangs Plaza 这几年成为东南亚沙龙香氛和小众生活方式的新聚集地

次，我和 Chris 的手气都很好，所以他就自愿陪我到乌节路多买几瓶。

我们从 Essentials 出来，买了 Amouage 白色瓶子的 Honour，我第一次破例买下这么雍容华贵的白花香，而且 Honour 给人的感觉是非常强势的，我们试过香之后，那股带着些奶香的味道就篡夺了其他香水登台的机会。然而这一切都是因为受了 Chris 的怂恿，他说雍容华贵是福气啊，比如杨贵妃啊，比如范冰冰啊。因为我也很喜欢 Chris 买的男款的味道，坐上公交车，忍不住拿出来喷了一下。

坐在我后排的两位新加坡女孩立即议论起来，其中一个小声说：

“那是什么香水？好奇怪！”（Amouage 带有阿拉伯风格的外观设计确实可以用奇怪来形容。）

另一个说：“我不会乱用，都只用 Chanel 啦！”

“对啊，我也是用 No.5 啦！”

两个女孩子也就是 18 岁上下，穿着好像还是学校制服的外套，我不禁开始赞赏新加坡女生在这么年轻时就用 Chanel No.5 的果敢和品位。（不过后来在知乎上有个 18 岁高中男生用 by Kilian 更加刷新了我的观感。）

Chris 却忍不住转身跟女孩们对峙：“什么乱用，这可以买三瓶 No.5 啦！”

其实就在半个小时之前，Chris 还在我耳边碎碎念说，为什么 Essentials 里面都没有 Chanel 跟 Hermes，这样他要怎么买。

他的话出口之后，两个女孩很不好意思地不再议论，我想她们应该是在偷瞄香水的牌子，然后上网查。

但我很好奇，如果我们那天买的不是 Amouage 怎么办？如果是价格只有 No.5 一半的 Diptyque 呢？那就死定了。

还有个小故事，发生在凌晨三点多。

我站在金沙外面的计程车站等车，半夜里永远车少人多，我好不容易上了车。

通常新加坡的出租车司机都恨不得早点把你搬回家了事，也懒得跟你多说什么。但那天我遇到的司机完全不同。

我刚一上车，他就不住地说：“你看我多辛苦，半夜还不能收工。”

我自然也就顺水推舟地问："计程车不是本来就有夜班的吗？"

"不是，我不是开夜班的。今天很倒霉啦，早上 8 点出门帮人家做了几个小时白工，所以现在不得不加班啦。"

"哦。"

"早上 8 点就出门帮人家做白工啊，现在我要赶快载一载回家睡觉啦，把你送回去我就回家啦。"

"早上 8 点做白工啊……"

我已经不想再接话。

"早上 8 点出门，帮那个妈祖庙搬家你知道吗？我老婆说一定要我去，我想也是不得不去啦，可是谁知道是做白工啦，没有一块钱酬劳。"

"要不是看在平日我们都有在那里捐钱，我说什么也不会去做白工，不然他们搬家也要花我们捐的钱！"

到了目的地，凌晨 3 点半，我睡意全无。只剩下早上 8 点出门做白工的空洞。

"为什么会是 Chanel ？"朋友继续追问。

我只是信口说说，其实说出口那一刹那，心里已经觉得万分的不恰当。

因为你知道的，毕竟第一身白衬衣、黑马裤，第一瓶醛香，第一个轰动的花香西普，第一个女汉子形象，都出自香奈儿，这么说对香奈儿真的太不公平了。

说说 Amouage：昂贵不是全部

提起 Amouage，略知道一些的人都会说有一股挥之不去的中东印象。最近最惊喜的一次曝光来自于湖南卫视的《花儿与少年》第二部，姐姐弟弟们在迪拜的时候宁静为井柏然选的生日礼物竟然是 Amouage 的男香。这当然首先是因为姐姐们非常有品位，其次应该是因为 Amouage 就诞生于神秘的阿拉伯世界，中东的高级卖场里怎么少得了它的身影？！

1984 年的时候，一位来自阿曼的年轻贵族加富二代赛义德（好像他们都叫这个名字）遍寻世界各地都找不到一支令自己满意的香水。于是乎，他有了一个老套的想法：自己来做一支！

于是赛义德想到要创立一个具有浓郁阿拉伯风格的香水品牌，以没药和乳香为主要原料。说到乳香，看官们不要乱想，乳香不是牛乳更不是人乳，而是橄榄科树木的树脂。阿曼这个国家在历史上就是全世界最大的乳香原产国。据说在大唐朝时，来自阿曼的乳香就如缕不绝地被进口到广州，广州港一度弥漫着浓浓的乳香味道，这得多少棵树才能挤这么多乳汁啊！

这个阿曼富二代赛义德，他自己是不会调香的，所以就跑去巴黎搬了个救兵。这个救兵 Guy Robert 先生是大有来头的调香师，他的得意之作罗卡思夫人（Madame Rochas）曾经是很多巴黎上流女士的最爱。于是求才若渴的阿曼富二代赛义德聘请 Guy Robert 为 Amouage 这个阿曼品牌第一支香水的

拍自法国香水博物馆，那个时候的Amouage更耐看

调香师。

所以结果可想而知：既以东方的乳香没药做主题，又找来巴黎的靠谱调香师，那么这瓶香水必然是东西融合的尚佳之作。更让人体会到富二代之魄力的就是：这款香水共使用了120余种来自阿拉伯地区的珍贵香料，其中包括阿拉伯茉莉、岩玫瑰、麝香、晚香玉等。要知道野生茉莉和晚香玉都是价值不菲的香料，所以又一个可想而知：Amouage的售价非常昂贵。但这好像也是情理之中的事，并非为了昂贵而昂贵。

写到这里，我想其实很多人都没有意识到原来Amouage这么年轻，它深邃的瓶身看上去怎么也有数百年历史。但其实年轻从不是劣势，只要够特别、够创新，年轻反而会更加令人充满期待。

果不其然，1984年，Amouage同名香水在已经颇显审香疲劳的巴黎发布之后大受好评，尽管它与普通奢侈品牌香水相比确实贵了一些，甚至在那个时代、那个国度，法国人都觉得Amouage不是普通人用得起的珍稀香，且带有他们膜拜的阿拉伯异域风情。所以，直到今天，当年那支首发的香水还大大咧咧地陈列在法国格拉斯的香水博物馆里，要知道这并不容易，法国人对自己擅长的东西一向非常严苛挑剔。

如此这般，Amouage从20世纪80年代开始成为香水品牌里阿拉伯世界的代名词，也成为公认的最擅长使用乳香、没药等香料的顶级沙龙香水品牌之一。

这也许是唯一一个让我投入那么多喜爱的非法国品牌，然而这么说也不严格，Amouage还是越来越多地印上了法国人的影子，它变得更加多元化了。不过从瓶身上，我们还是可以轻易地读到它浓浓的阿拉伯情愫，似乎在诉说着它的故乡。但是阿拉伯人很精明，也很爱钱，所以对于香水品牌能不能赚钱这件事还是很在意的。

优秀的香水品牌，应该完美地控制推出新品的速度，能让自己的作品支支叫好又叫座，才是有自制能力的顶级品牌该做的事。可惜的是，这两年品牌控制人不知道怎么了，开始推出比较缺乏品牌个性的所谓“摩登系列”也就算了，竟然还做起护肤品来，如果用淘宝体来评价，应该给十个差评。顶级沙龙香如何把钱看成作品品质提升后自然而然的馈赠，如何做到“洁身自好”，真是个老大难问题。

我的调香室最近添置了没药香精，
却怎么也调不出满意的中东氛围

前文中说到的光荣女香（Amouage Honour）并不是这个品牌最擅长的题材——乳香或者没药，没药在这瓶香水里甚至只是跑龙套的，而且Honour也并不是品牌里最出类拔萃的作品。但是因为我对白花香型有特别的情愫，可是又非常讨厌花香本身（好矛盾的人），以前遇到的白花香型要么是Jo Malone的茉莉与薄荷那样清爽得要命，要么就是Dior的Diorissimo那种类似六神花露水的直白。多年来几乎没有找到这么富态的白花，活生生是金迷纸醉的美人出浴图。直到发现Honour之后，莫明其妙地被它丰腴的杨贵妃气质所吸引。

在说完Honour之后非常贴心地来解释一下什么叫白花：就是白色的花。通常见到的白花香型包括茉莉、百合、橙花、栀子花，等等。比起玫瑰、万寿菊等雍容华贵的花来，白花带有非常明显的冷冽气质，如果再搭配一些青草香，那么就可以比海洋的味道来得更冷冽、清澈，是夏天的不二之选。

Amouage品牌里还有一支引人注目的女香，那就是一千零一夜（Gold）。这支Gold可以荣膺好莱坞女星的最爱了，连伊丽莎白·泰勒都爱它。它采用的香料主要有玫瑰、山谷百合、乳香和焚香，塑造出一种雍容华贵的神秘感，就是伊丽莎白·泰勒给人的感觉呀！

这是Amouage在我心中的意象啊

—

同样的异域题材，波斯 1920 要轻和明亮一些

纵然它真是算不上便宜，但欣赏 Amouage，也不能只是欣赏它身上挥之不去的富豪气质。我觉得，世界这么大，理应有很多不一样的东西，而最显著的不同无非就是地域差异。作为中东为数不多具有话语权的沙龙香品牌，Amouage 确实给了我们不同于巴黎精致浪漫的神秘、高贵，而未来我们能看到怎样的 Amouage，似乎还是个未知数。

L'AMANDIÈRE
EXTRAIT DE PARFUM
HEELEY
PARIS

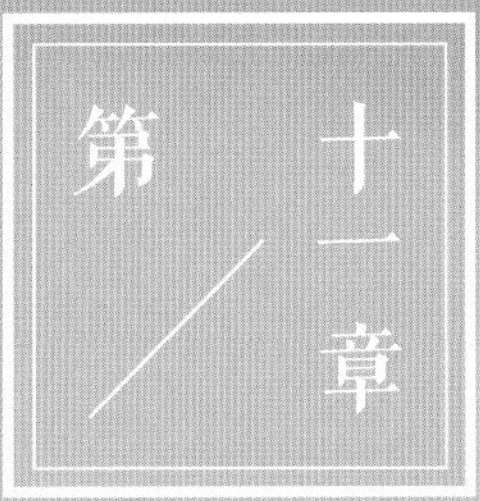

亟需大量西红柿

For Heeley L'Amandiere

献给 希利 拉曼迪艾尔

我不能看清是哪些花在我的脚旁，

何种软香悬于高枝，

但在温馨的幽暗处，我只有逐一猜想

——约翰·济慈《夜莺颂》

约翰·济慈(John Keats，1795—1821)，杰出的英国诗人、作家，浪漫派的主要成员。

我在新加坡遇到的最挠头的事，莫过于每天要冒着酷暑穿过新加坡植物园去学校上课。因为新加坡国立大学的法学院和公共政策学院都在武吉知马校区，而这个名字悦耳的校区就在热带雨林里，总是在我们穿过一大片各色植物之后扮演贱贱的柳暗花明。

不知道是申请世界遗产的缘故，还是新加坡植物园一直采用放养的方式管理，这个植物园里的树木一点都不整齐，也没有供游人休息的凉亭什么的——他们原封不动地保留了成片的热带雨林，据说全世界城市里保留热带雨林的只有新加坡和巴西两个国家。这叫作原生态系统，拥有更多样性的物种和更强劲的可持续发展活力。

植物园有活力原本是件好事，但是太有活力的植物园肯定不光有植物——这可苦了我这个从小害怕没有脚和过多脚的小动物的可怜人儿。曾几何时，正当我酷热难耐，只剩发呆的力气走在去上课的路上时，一只轻盈洁白的白素贞小姐连一点最起码的礼貌都没有，就打算从小路的一侧踱到另一侧。它没长脚也就罢了，连耳朵都没长吗？我已经离它很近了，它都没打算让路。白素贞小姐走到半路的时候还不忘瞟我一眼，估计是说："你不给老娘让路试试看，后果很严重。"与白素贞小姐的一面之缘让我上课一直走神。

跟白素贞小姐比起来，后来遇见的小青就显得暴力得多。从树上一跃而下，啪一声就重重地摔到我脚下，没带一片落叶，更不要提云彩。不过估计它自己也没有彩排过这个高难度动作，加上天气太热，它就躺在已经后退数步冷汗直冒差点窒息的我前面几米——不动了。这姑娘一定是用力过猛，轻微脑震荡。于是我模仿它姐姐当年路过我时的淡淡忧伤状，轻盈地路过了它，毫无人道地在半路瞟了它一眼，心想：果然是差了几百年道行。

正惊魂未定的时候，忽然觉得每天都走的这条路今天传来一些不一样的气味，不知道该怎么形容：很酸，又有点花香的感觉，整体味道很熟悉，很像是——一筐西红柿！因为从小就很喜欢吃西红柿，总觉得这种既不像水果

一定要安利一下这个美丽的校园

也不像蔬菜的东西好像天外之物，还带有鲜红的血一般的汁液，以及腥腥的铁锈味。

但是对于刚被小青小姐惊吓到的一个人来说，这股子是西红柿又不是西红柿的味道真像是镇静剂、灵丹妙药、脚气救星之类的，神奇地让我很快就把蛇击未遂这件事情给忘了。

小青的事可以在西红柿味道的抚慰之下很快忘记，但日常生活里的小黑、小棕就没那么幸运了。

因为我住在植物园旁的独栋房子的一楼，所以我的洗手间里常常有各种客人来访，蚂蚁几乎都是常客了；壁虎看见这么多蚂蚁，必然也不会闲着，来蹭饭；老鼠偶尔也来客串个七七八八的姑姑阿姨；最受不了的就是蜈蚣，我每次刚打扫完洗手间，它就硬要来踩，别的东西也就留几个脚印，它的脚印我数都数不清了。有一阵子我几乎要疯掉，半夜起来上厕所要先把灯开上一分钟，告诉深夜来访的客人们："不好意思哦，小妹我打扰了！"然后再迅速尿完，赶快眼不见为净地逃走。

每当这个时候，我都希望那充满抚慰的西红柿味道快些出现，好让我快速回过神来，快速进入睡眠。所以我一直在寻找西红柿味的香水，直到偶遇来自 Heeley 哥哥的 L'Amandiere，我常常不由得在心里打趣这瓶香水：为啥你的香调表长成了一副百花齐放的样子，可是本尊却是彻头彻尾的西红柿＋西红柿叶风格？好吧，这大概就是 James Heeley 奇思妙想的地方吧。但是恰恰正是百花齐放变成了西红柿，才使我在那些诚惶诚恐的半夜不断得到抚慰，简直比安眠药还要灵验。

一年后要离开新加坡的时候，我最不舍的恰恰变成了那个到处是热带雨林的植物园。因为新加坡大部分地区在享受印度尼西亚捎来的雨林灰烬而 PM2.5 爆表时，武吉知马自然保护区和新加坡植物园轻轻松松的毫无压力；而每天到新加坡植物园的湖畔坐坐，发发呆，看看那只呆头呆脑的黑天鹅，也成了小县城枯燥生活的良好调味。

住的地方除了心理阴影，其他都是 100 分

虽然新加坡人所谓的“野蛮生长式”植物园管理理念给我的生活造成了全方位的不便，但我还是支持把植物园弄成那个样子——植物、动物原本的样子，这样子似乎才可以真正称得上植物园，不然顶多只能算是病梅馆。

这话虽然说得轻巧，但那些厕所里的不速之客、上厕所之前之后的心理阴影、植物园里散步时冒着的生命危险，并不因为理念的优越而有丝毫减弱的迹象。而作为具有价值判断能力的人类，你我最应该做的就是为那些优秀的理念带来的不便欣然付出代价。

在这样的时刻，香水往往总是能挺身而出，适当地扮演最有效的抚慰剂，不用说，L'Amandiere就一直在默默地扮演这样的角色，虽然我直到现在也没弄明白到底为什么好好的百花齐放变成了西红柿的味道。

不过我正在催促自己并实际上确实也正在变得更淡定，特别是在与没有脚或者太多脚的动物们不期而遇的时候，我基本上已经无感。

我不知道这算不算一种技能，但我明白我是有失也有得。所以我的体会就是：执念于越真的真理，就越该做好吃苦的准备，在你让它彻底住进心里之前，可能要呕吐跟被吓尿几千次、几万次，但你认为值得的东西永远会促使你跨越障碍，L'Amandiere这样的西红柿也将起到推波助澜的作用，最后我们终将跨越的也许就是人性中最脆弱的部分。

说说 Heeley：有人轻于鸿毛

香水品牌的风格就像周遭人的性格一样，有人优雅矜持，就有人活成一翎白色羽毛，轻轻的，清澈见底。

Heeley Parfums 就是非常典型的清澈见底的香水品牌，这在普遍偏爱重口味的小众香水界算是一种特立独行。

既然说到品牌风格，就多说两句关于香水品牌的威权与分权的事情。

像本文中的Heeley、第十三章中将要写到的MFK、可能下本书里会写到的意大利品牌Lorenzo Villoresi这样以调香师名字直接命名的品牌，调香师本身是品牌唯一的灵感来源，所有调香作品都出自其本人之手，而通常这类品牌有显著的个人主义色彩，出品的香水也更加有脉络可循，同时风格相对统一、鲜明。法国品牌Annick Goutal则是母女连心、二代逐渐接班的品牌，代表了威权体系下的家族传承方式。

而如Byredo、阿蒂仙之香、by Kilian、潘海利根等都保持着与多位调香师的合作，有的虽然仅与固定的御用班底合作，但依然存在协调不同调香师风格的问题；有的则更为开放，当然最开放的比如法国品牌Frederic Malle就是以邀约精致调香匠人做作品集合为品牌精神。这样的分权香水品牌存在明显的优劣势，优势自然是避免审美疲劳、兼容并包；但是如何使作品集具有清晰的逻辑脉络、如何保证不同调香师作品的相近品质，都是非常棘手的问题。

所以 Heeley 这样的品牌对爱香的人来说是一种寻求风格契合之后的极简主义，只要通过几支香水你跟 Heeley 看对眼了，那么一直买下去肯定没问题。但对 Frederic Malle 而言，就不要想这样的事会发生。

说回品牌创始人詹姆斯·希利（James Heeley）。

拍于巴黎的 nose，原本我很讨厌淡紫色或藕荷色的

这又是一个非科班出身的调香师，其本业是室内设计和景观设计，出生在英格兰。因为特别喜欢在设计中运用自然元素，比如绿植、干花等，就自然而然地跟植物的尸油——也就是天然香精产生了连接。在本书中提到的传奇女调香师 Annick Goutal 女士的感召和鼓励下，于 1996 年正式进入调香领域，并且自学成才。

十年后的 2006 年，James Heeley 用自己的姓氏在巴黎创立了希利香水屋（Heeley Parfums），第一个香水系列里面的新鲜薄荷中性香水（Menthe Fraîche）给我留下了非常深刻的印象。作为从小接受沁凉薄荷牙膏摧残的普罗大众之一，我对薄荷有强烈的刻板印象和深深的恐惧，然而 Menthe Fraîche 虽然就是薄荷那么直接的沁凉，但是和牙膏好像丝毫不同，某种程度上消除了我对薄荷的误解。第一次闻到 Menthe Fraîche 时，我正在读王尔德的诗选，那薄荷让我觉得是一种尖锐而犀利的东西，神似王尔德。

同样是 2006 年的无花果女香（Figuier）在我眼里是一个不小的败笔，但是不得不承认就算是败笔，也是清新的败笔。依然是那么轻轻的，但是蜜瓜的甜让我有一种鼻子被糊上了的错觉，那种轻如保鲜膜但是突出的包覆感让人很不舒服。当然，更通透的无花果主题我还是推荐阿蒂仙之香的极致无花果（Premier Figuier），前面介绍过的。

英国品牌祖·玛珑（Jo Malone）的鼠尾草与海盐，很多人都大赞其别出心裁、独具匠心。殊不知海盐题材 Heeley 两年前就开始用了，Sel Marin 中性香水里就有海盐，但不是主角，这支被很多人赞为大海写实主义巨作的香水中，腥咸的海盐味自然远胜过只是拿海出来拍海报说事的那些伪大海香，但人们常常忽略的是，这是一支阳光下的海，海面上有金色的佛手柑在闪动。

“透明瓶子”系列里值得一说的最后一瓶就是鸢尾之夜女香（Iris de Nuit），这瓶被我归为人生必闻香气之一。Iris de Nuit 轻到不存在任何重量，甚至不存在任何味道，如果你归纳一下 Heeley 的所有作品，就能看到一个光谱，由深转无色，而 Iris de Nuit 正是所谓的转折点，也就是零。

很难想象对吧？有一刻你怀疑自己是不是买了一瓶纯酒精回家。但是事实并非是这样，鸢尾花就是故意伪装成不存在，跟它配合的还有胡萝卜籽，也是属于不存在方向的重要拥趸，从精神层面契合某些人热爱内敛的神韵。鸢尾花配胡萝卜籽，我认为那是极净空气的味道，在 PM2.5 深重的日子里，会带给你奇想。

Heeley 还推出了一个“黑标”系列，不是什么限量版，主要是香水浓度达到了 Extrait 标准，香精含量达到 30%。我最喜欢“黑标”系列中的 L'Amandiere，如前文提到的那般，它也是我的第一瓶 Heeley。

从开始用香水的第一天，就一直被灌输东西方人在用香偏好方面的差异。东方人中，更多人偏好清淡、清新、清澈，总之一定要轻；而阿拉伯世界则喜欢辛，如没药、乳香、沉香、藏红花那样的感觉。从这个意义上讲，Heeley 确实具有一种真正意义上的远东气质，品牌的清澈也为 Heeley 带来了众多亚洲拥趸，希望就像多年以后人们提到清新还是会心心念念三宅一生的一生之水一样，Heeley 也能迎来更多清新的东亚爱香人。

北京

Beijing

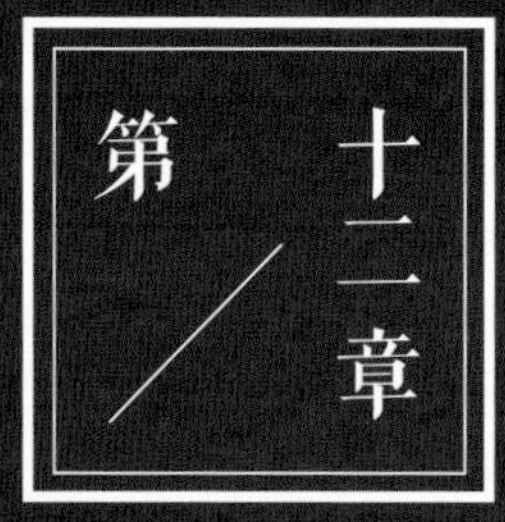

前男友婚礼上的 Creed

For Creed Spring Flower

献给 柯瑞德 春花

Spring Flower
CREED

从前，我们在那阳光普照

充满温和的甜美空气里

总是愁眉不展。

——阿利盖利·但丁《神曲》地狱篇之七

阿利盖利·但丁（1265—1321），意大利诗人，现代意大利语的奠基者，欧洲文艺复兴时代的开拓人物之一，以长诗《神曲》留名后世。

小兰：

见信好！

我知道，你现在应该是找到新的幸福了，所以很久没联系我。今晚望着窗外的大雨，我不禁想起了去年夏天的事。

我还记得那时我刚搬回北京不久，连细软都还在公海上没寄到，整日都在收拾好几年没住的房子。而你突然给我打电话，还哭着，这真的惊吓到了我。

做朋友那么多年，你从来没在我面前掉过眼泪，我知道你是非常坚强的女生，因为我记得你父亲患癌去世那年你竟然都没有在好朋友们面前上演过悲情戏码，我们当时都怕你憋出神经病来。

你在电话里说俞思远和你分手了，更过分的是他给你发了他婚礼的请帖，你说，这个王八蛋。

一直不在你们身边，以至于你们已经分手半年多了我竟浑然不知，大家好像也故意不跟我提起似的。但你说不是这个原因，而是因为你们在一起八年，你从没有认为那是真正的分手，你一直期盼着那只是俞思远喜欢新鲜菜色了，出门去改善伙食，但终究是会回来的。

你来我那当时凌乱的房子住了两天，问我该怎么办。

你知道我后来的答案，却不知道我其实第二天就去找了俞思远，美其名曰回国餐聚、恭喜他快要结婚，实则我想问问他："到底怎么了？"

他不是一个人来赴的约，身旁跟了一个不大讲话的清瘦的姑娘，穿了件青灰色的麻布连衣裙，脸上未施粉黛，只是画了眉。席间不知为什么，我的一大串问题都如静水般止住了，我跟那个女孩竟然聊起了过几天要来北京的伦勃朗展。

这顿饭的账单打出来时，我已经明白有些事不是出去改善伙食那么简单。

小兰，你这次真的失去了俞思远。那一阵子，我想了好多我眼中的你们俩。

他喜欢静一些，不太喜欢在社交场合跟你一同出现，也不太喜欢讲话。我知道他，他喜欢一个人独处的时候，思考一阵子，看看书。上大学时你还总开玩笑说我跟他肯定有一腿，那是因为他需要对的交谈对象来寻找新的启发，而我恰好是那样的人之一。

而你，我知道，你一定还是那个美艳的拼命三娘，你要赚很多的钱，给你安全感；你讨厌情绪化的东西，你说那会影响判断力。你要亲手装潢一个

配起来确实好看，
不去参加前男友的婚礼就太可惜了

大房子的好几个浴室，马桶要用最好的，莲蓬头要用最好的，洗手盆也要用最好的。

前几天电视台正在热播一部电视剧，叫《虎妈猫爸》，我觉得这个戏的编剧一定不认识俞思远这样的男人，那剧里竟然有跟你们类似的情节，但男主角最终选择了你。我看了那个剧，心里想：这个编剧过于一厢情愿了，跟现实一点都不对盘。当然也暗暗庆幸，你和俞思远当时并没有结婚，并没有小孩子夹在中间的为难。

所以后来我才跟你说："还是放弃吧，为我们保留最后一丝尊严。"

然后你说"难道我真的要去参加他的婚礼吗？这太可笑了"的时候，我无情地鼓励了你，跟你说："当然啊，我们要跟旧爱好好地道别，用一个最美的你。"

我记得你又哭了，哭得那么惨烈，我明白这对你来说很难，但其实又没有那么难。亲爱的，有些犯险并非走上歧路，而是自古华山只有一条路。

你哭了一阵子之后说："那我该穿什么去？我要美死他们！"一瞬间原形毕露。

你这个问题抛出来的那一晚，我失眠了。女人该以什么姿态出现在前男友的婚礼上呢？我大半夜在香水柜前站了好久，但我必须承认，在此之前我从来没有认真地想过这个问题，因为我非常清楚，我的前夫绝对不会邀请我去参加他的婚礼。我想不出这么有难度的问题，于是，我开始拿出试香纸一个一个试香。

因为我平时不喜欢大花香、大果香，所以Creed的春花（Spring Flower）一直被幽禁在一个角落。但当我试到这一支Spring Flower的时候，我发现过

这并不是我和小兰参加的那场婚礼，但每一场婚礼中或婚礼外都站着几位小兰

往印象里那些明媚得有些俗艳的大果香、大花香依旧显得特别入世，但那种香甜的幸福感，却是那么接近我对漂亮女人的定义——她应该是像许晴一样，再多两个美美的酒窝。我之所以当时会买 Spring Flower 这一支跟自己很不搭的香水，完全是因为这是奥黛丽·赫本的私人定制香，然而，小兰，我想我潜意识里恰恰是希望你在俞思远的婚礼上像赫本一样优雅，像一个准备好拥有下一段爱情的阳光女孩一样洋溢着幸福的符号。

所以我给了你那支粉粉瓶子的香水，你说刚好你选了一件粉色的改良旗袍，配起来的感觉你非常喜欢。

最后，我还把忘了是从哪里听来的鸡汤说给了你，鸡汤主说：“送给故人的礼物要让故人有一个泪崩的记忆点，这样故人才能永远是故人。”

我记得你秒懂，但我是后来才懂的，我看到你在婚礼上送给俞思远一块天梭牌手表，当时就在想这个礼物好像不太是你的风格，你一般都出手阔绰的。

后来某次遇到俞思远，才听他说起，咱们还在念大学的时候，有一年暑假，你俩逛商场，那家商场刚好在搞抽奖，你们抽到一张300元钱的天梭牌手表抵用券。你俩原本兴冲冲地以为可以白得一块手表，结果发现两个穷学生还是买不起，于是你说：“一块破手表有什么了不起的，等老娘赚钱了买给你。”俞思远说到此处，被我发现了浅浅的暗涌。

我还记得参加完婚礼的当晚，你又跑来我家睡，你很快就睡着了，而我却怎么也睡不着。我回想起白天时你镇定自若、粉红优雅，还有从我身边经过转身向新婚夫妇敬酒的那个侧脸，带有一种浓重的属于春天的幸福，我竟然觉得你也为我完成了一次心灵的往复，真的很坦然，很美。

第二天早上我又稍早于你一些醒来，听到你均匀的呼吸声，想必是睡得很好，不时地，竟然还有阵阵Spring Flower的余香飘过来。

直到那时我才意识到一件粉红旗袍、一支春花、一块手表，更重要的意义是：新的一天，它又来了！

说说 Creed：英法混血名人范儿

写一篇关于 Creed 的介绍，是压力相当大的一件事。

一来，Creed 这个级别的沙龙香，从拿破仑、几任法国总统、英国女王、戴安娜王妃到格蕾丝·凯利、杰奎琳·奥纳西斯，再到男神乔治·克鲁尼都是座上宾；二来，从私人定制起家的 Creed 真的让我很难用自己平素对于沙龙香品牌的苛责直接套用，因为名人的品位平庸一些是再正常不过的事，否则他可能压根就不会成名。

先说说 Creed 给我的总体印象。

沙龙香或者说小众香水（Niche Perfume）之所以有别于大众香水（Mass-market Perfume），其中一个非常重要的特质就是勇敢。

这其中的道理不难理解：大众品牌看重的是销售额和利润，所以注定以讨好消费者为主，因此每一款大众市场的香水都有一个有形或无形的产品经理，了解市场的需求、确定基础香调，等等。比如某个 F 开头的以制鞋起家的品牌在亚洲市场连续推近 10 支同一香调的香水，竟然 100% 都是花果香，不过因为品牌美誉度高、香气甜美等因素，市场反应出奇的好。但站在香评人的专业角度，这样的香水市场反应好，恰恰是在贻误消费者提升鉴赏能力的时机。

这跟轩尼诗说的“越欣赏，越懂欣赏”是同一个道理：不给消费者探索自己的机会而一味地迎合消费者的现有消费习惯，这倒也没有错，但这就是大众商品的市场化作风。

因此小众香水“勇敢”的特质就显得非常可贵：如果我心中有一个梦寐以求的终点，那么我就绝对不能原地打转。说得更神道一些，很多沙龙香品牌的背后是有可以传承的理念的。

所以我们看到来自瑞典的香水品牌Byredo做出过墨水主题的中性香水M/MINK，刷新了人们对于东方书写材质的旧识；法国的品牌Heeley敢把鸢尾花和胡萝卜籽放在一起，创造出一种超级无影无形的独孤主义；美国来的

米兰的店面，Creed的LOGO上面总是以它在英国成立的时间算起，显得更苍老

D.S.&Durga 敢让整个品牌都处于失控的边缘，随便拿一款“燃烧的理发店”来说，精致而不招人讨厌的烧焦的蛋白质味道有多少人压根连做梦都没想到。

沙龙香的逻辑是：不讨好，也不想讨好。

洋洋洒洒写了这么多，我想说的是：Creed 为那么多名媛显贵服务，毫无疑问是高贵的，但很遗憾它不是勇敢的。

当然这并不是偶然，做名人定制香起家的你奢望人家多勇敢？除了当了总统还敢跟布吕尼谈恋爱的萨科奇，可能每个法国元首都会抗拒燃烧的理发店那样的香水。就算 Creed 想要勇敢，在名人中也不会有市场。

另外，最重要的是，Creed 身上的矜持和高贵自然也有充分的来源，一群英国绅士由伦敦搬往巴黎，Creed 品牌从一个枫丹白露小店起家，1854 年在巴黎出品香水，以替王公贵族和时尚名人做高级定制香打响名号。最为品牌津津乐道的定制莫过于当年摩纳哥亲王兰尼埃三世在迎娶格蕾丝・凯利时为他们的婚礼定制的花期香水（Creed Fleurissimo）。

所以这也是为什么我们可以在 Creed 身上看到老牌英伦香 Floris 的稳健英伦绅士身姿的原因。说到底，Creed 的故事应该被这样描述：一位英法混血名人的成功之路。

如果你是新奇和想象力香味的拥趸，那么选择 Creed 就是你没有做足功课。

直到今天，如果要评选好莱坞男星最爱的香水品牌，那么香奈儿、迪奥、娇兰甚至是法国沙龙品牌 Annick Goutal 都要甘拜下风，Creed 在公开场合被好莱坞人士未收广告费的表白已是家常便饭：女神奥黛丽・赫本的春花（Spring Flower）、乔治・克鲁尼的爱尔兰绿花（Green Irish Tweed）、大卫・贝克汉姆的埃罗（Erolfa）……

所以我觉得，话说到这里我该识相地结束了。如果你真的从来没有听说过 Creed，那么该检讨的是你，而不是 Creed。沙龙香水永远不能像某个女人给香奈儿做的广告一样被资本大肆传播，还翻译成各国语言。香水本身，就该是静静地待在那里，等着有品位的人去发现。

Creed 的香水超过 240 种，说到心头好，我莫名其妙地认为是花果得不能更花果的春花女香（Spring Flower）。实在是因为奥黛丽·赫本的力量太强大了，赫本的玲珑形象和无端优雅可以给女人无法言语的自信，这和任何一个现实生活中的人给你的鼓励都不具有可比性。所以我才会觉得，穿上春花女香的女人们，都像春天一样洋溢着幸福。

当然 Spring Flower 绝对不难闻，相反，它甚至可以说是非常契合东方女性在入门时使用的香水。香瓜、苹果、桃子、梨这些出现在前调里的水果香气酸酸甜甜的；中调里简单的茉莉和玫瑰在一开始被酸酸的果园中和掉一部分性感，只剩下洒满阳光的阳台上轻声吟唱的女神。

Creed 最近推出的新香里我个人认为比较出色的是 2011 年的皇家沉香（Royal OUD）。

与一般的沉香不太一样，调香师基本上没有尊重沉香的原貌去描绘，而是加入了很大部分英国皇室品牌才有的矜持和古板，却一不小心营造出比较出挑的效果。相比其他品牌不断推出沉香木系列香水，Creed 并没有太留恋沉香的意思，如此东方的香料，也并不契合 Creed 的浪漫英法混血名人形象。

所以说矜持的名人形象，才是 Creed 得以传承并始终坚持的精华所在。

Maison
Francis Kurkdjian
Paris
OUD
silk mood
de parfum
Maison
Francis Kurkdjian
Paris
OUD
silk mood
Extrait de parfum

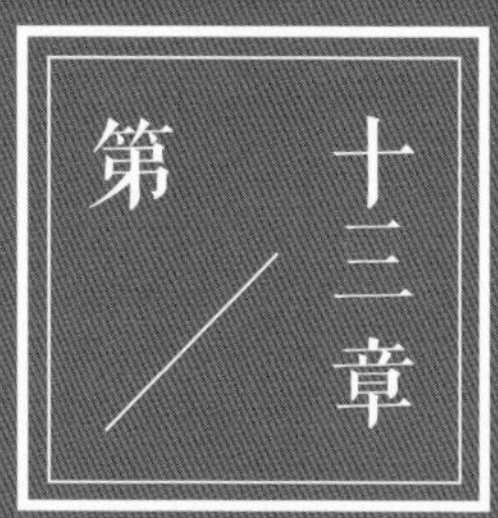

奢华有多不堪

For Maison Francis Kurkdjian OUD Silk Mood

献给 MFK 丝绪沉香

你唇间软软的丝绒鞋
践踏过我的眼睛。在黄昏，黄昏六点钟
当一颗陨星把我击昏，巴黎便进入
一个猥琐的属于床笫的年代
——痖弦《巴黎》

痖弦，本名王庆麟，生于1932年，台湾著名诗人。

前一阵子读到香港作者梁文道的一篇《奢华与教养》，意在说“得奢华易，有教养难”的道理，强调“许多媒体早就在‘奢华’和‘品位’之间画上等号了，但现在有人进一步连‘绅士’也挂了上去，这就让我觉得有些刺眼了” 。同时，梁先生认为修炼教养对于社会的重要程度远高于追求奢华。

外在和内在已经不是一个新话题，与梁先生类似的“社会观察家”早就看到了社会中人们对于奢华及价格因素的过分追求，以及自然而然的，对于教养及自我修为的严重遗忘，所以对于教养重要程度的提醒而言，这样的文章确实很有意义。

但当我们努力区分奢华与教养的同时，实际上首先将奢华与教养对立起来了。换句话说，我们不得不思考一个问题：教养与奢华矛盾吗？是非此即彼并老死不相往来的关系吗？答案未必是肯定的。

我没有做过这个社会调查，没有大样本，但在日常接触中我感觉得到：拿梁先生文中的开保时捷招摇过市来以偏概全的阐述“奢华”，对奢华本身而言并不科学也不公平。奢华是对于极致物质追求的描述，不必然带有无视社会公德、恶劣的待人接物等“没教养”的症状。我交往过的大部分追求奢华的人，都是有教养的，而且不得不说，以不完全统计的抽样来看，“奢华”人群的教养程度比“不奢华”人群的教养程度来得高。

这个现象其实不难解释：教养是有成本的。即便是读书，极端地讨论读书问题，假设两个人有相同的读书意愿，奢华者的经济能力可以买到更多的书，而往往人们总是倾向于揣测两者一定有不同的读书意愿；书是如此，就更不要说成本更高的可以雕琢教养的钢琴、小提琴；也就不必说环游世界，甚至是去世界的角落探险。在一个人修炼教养的路上，成本总是不经意间成为最大的制约因素——这虽然是人们最不愿意提及的理想之外的赤裸裸的现实，但是我们绝不应该漠视这一点，甚至把修养与奢华对立起来。

这两支出色的果香沉香也不错，分别来自 tom ford 和 memo

一个有修养的人同样可以奢华，一双F牌皮鞋穿十年与一年穿十双F牌的两个人都可以是绅士，只要他们达到了绅士的修为。

我们不难发现，在大多数人追求一种所谓的世俗价值时，需要有公知们敏锐地提出以价值判断为基础的、不同于世俗价值观的深层诉求。但往往我们在提出这个深层诉求的同时，会不自觉地否定旧有的价值观：比如今天的教养和奢华。教养确实被忽视了，应该大力追索；但奢华本身并没有错，有问题的是只有奢华而忽略了内心。

最理想的状态不是放弃奢华而单独追求所谓“内在”，恰恰是两者兼有——谁不愿意穿着体面的新款迪奥套装并深切地怀有宽容和对世界的关怀呢？尽管那可能只是一种小众到几乎不常常存在的情形，却绝不能否定其存在的合理性。

为奢华说了这么多好话，是因为我不愿意把MFK出产的丝绪沉香（OUD Silk Mood）归入没有教养的判定里，因为它在我心里不知为何就是刻有“奢华”二字。

真的分析起来，一方面它散发出的红男绿女气质一点也不低调，也不内敛，反而让人一下子想到虚荣浮华的风骚女人；另一方面，它的价格确实不平易近人，或者说绝对是属于奢华范畴的；最重要的是沉香这种香料的产生源自特定树木受外伤时分泌的自我愈合成分，而在沉香香料产地，生产乌德木沉香的过程是一种对健康树木的人为摧残，某种程度上带有人类享乐主义的终极罪恶，就像活熊取胆汁一样罪该万死。

但，但，但，可悲的是，我就是抗拒不了它。每次它靠近我身边，不用穿，只要打开瓶盖，那气味就足够令我臣服、沉醉。

我愿意因为MFK的这瓶OUD Silk Mood承认自己爱慕奢华，罪该万死；但同时，我也爱慕内涵，用有限的时间看书、思考，希望读懂更多的世界。

有可能奢华与内涵二者我到现在都分别只拥有一点点，然而我跟梁文道先生的想法不同：奢华也很好，我哪个都不想放弃。

说说 Maison Francis Kurkdjian：名字太长，水平太高

懂香的人都知道弗兰西斯·库尔吉安先生（Francis Kurkdjian），却不知从何时何人起开始称他为“香水金童”，反正我是看不出来他浑身上下哪里金，连头发都不是。

不过想到人们好一阵子都喜欢称贝克汉姆为足球金童，以此类比的话，Kurkdjian 肯定不具备贝克汉姆那样万人迷的颜值，那么肯定是因为二人都是年少成名。

Kurkdjian 13 岁就立志以调香师为职业，不到 20 岁就从 ISIPCA 和 Quest 两个香水重地学成，25 岁就有了第一个调香作品，而且这个作品你肯定不陌生，是高缇耶（Jean Paul Gaultier）推出的 Le Mâle，如果听名字还是陌生的话那么请看下图就一目了然了。25 岁，在调香师这个匠人世界里完完全全可以称得上奇迹，所以“金童”二字不是空有其表。

Kurkdjian 从 25 岁那年的少年成名开始，便一发不可收拾。很多香水史上鼎鼎有名的作品都出自于他的鼻子。比如伊丽莎白·雅顿（Elizabeth Arden）的绿茶女香（Green Tea），是史上最成功的街香；比如浪凡（Lanvin）的谣言女香（Rumeur），旧瓶装新酒都那么多人追捧；纳西索·罗德里格斯（Narciso Rodriguez）的男女对香（For Her/Him），十几年过去了，巴黎大街上还是满眼满眼的广告牌，跟调香师们聊到最后总是被重点推荐，真是

Glass 杂志的好图，
连人带处女作一起看了

叫好又叫座；菲拉格慕（Salvatore Ferragamo）的F de Ferragamo女香，多少人的第一支香水是从淘宝上买的这支，因为便宜，不过比绿茶女香还是要贵一点。

当然，永垂青史的调香合作肯定少不了Kurkdjian与黎巴嫩高定晚礼服品牌Elie Saab之间默契的御用式合作，在此也提示诸位：Elie Saab虽然是做衣服的，但它的 ESSENCE系列香水因为出自Kurkdjian之手而出身不凡，可以一试。

说了这么多这么热闹，Kurkdjian 当然不可能一辈子给别的品牌调香，因为就算是再默契的合作，也还是有品牌的框框提前预设好，因为人家要埋单，所以调香师只能在框框里跳舞，必然不是彻底的爽。

于是 2009 年，香水金童 Francis Kurkdjian 终于以千呼万唤始出来之姿推出了以个人名字命名的香水品牌——Maison Francis Kurkdjian（以下简称 MFK），直译也非常简单：弗兰西斯·库尔吉安香水屋。

从品牌 LOGO 到香水瓶设计都透着一股子老到

再来一张写意照

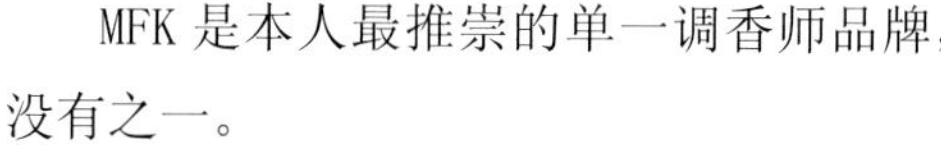

MFK 是本人最推崇的单一调香师品牌，没有之一。

推崇它，一方面因为 Kurkdjian 先生不调废香，殊不知有的香水品牌没几年就出了上百款作品，其中一大半都是无效或雷同的题材；另一方面，我一直认为 MFK 品牌身上有一种独特的气质，把它跟同样来自巴黎的 Serge Lutens、阿蒂仙之香彻底区分开来，那就是实用主义。

MFK 是极少数区分男女香型的沙龙香水，这被很多人彻底唾弃，因为在沙龙香水爱好者眼里，香水应该是自由的、界限模糊的，其中当然包含性别。但区分性别不是 Kurkdjian 的本意，他的本意是经验主义。因为在他的职业历程中，分性别曾经大大刺激过商业香水的销量，那么分性别在他眼中就不是一个小众香水的禁区，不存在不分性别这个金科玉律。

Kurkdjian从不以锐意创造和大胆撞香为自己的理念，这一点完全有别于Byredo和Serge Lutens的哲学思辨、浓墨重彩；更有别于美国品牌D.S. & Durga、法国品牌阿蒂仙之香的不撞不奇不快乐；MFK永远保有一种华丽优雅的实用主义气质：如果撞香真对表现力有帮助，那么撞一下又怎么了？反之亦然。

因此MFK的创作从不会失控，从来都有一条华丽丽的实用主义线索，而实用主义最大的价值（或许有人称它为最大的败笔）就是“好闻”。MFK是小众香水品牌里最“好闻”的一个，人们大可不必为了享受新奇而变得神经质、无病呻吟，优雅地享受愉悦才是这个品牌追求的东西。

实用主义不是谁都能有的，它需要深厚的经验做基底，而纵观整个欧洲的调香师品牌，恐怕只有MFK最有这个资质。

在MFK的所有作品中，我的最爱是沉香木（OUD）系列4支中的丝绪沉香（Silk Mood），就像前文里说的，这不但是我在这个品牌里的最爱，也是我在几百支沙龙香收藏中的最爱。

丝绪沉香这一支的实用主义脉络非常清晰：大道至简并不是MFK标榜的所谓品牌精神，但是这一支的香料构成非常简洁，只有四种，没有标明前中后调，唯一的理由就是——这样就够好了。

其次要推荐MFK最擅长的两类题材：清晨与黄昏。

说到清晨，2009年推出的古龙水（Cologne Pour Le Matin）除了保持好闻的特性之外，也融入了调香师眼中的清晨（因为据说FK先生很早就起床），以及法国通俗女作家Francoise Sagan的小说名作《你好，忧愁》中的清晨，是挑战古龙水这一老旧题材的得意之作。

说到黄昏，就不得不说2010年出品的绝对黄昏（Absolue Pour le Soir）这一支，可以说是2009年的晚歌古龙水（Cologne Pour Le Soir）的升级版。黄昏是白光投入夜的怀抱，蜂蜜、雪松是白昼，依兰依兰、蜂蜜是黑白的转折点，安息香、焚香与玫瑰是夜晚，连香水的颜色都恰如黄昏，刚刚好。

Maison Francis Kurkdjian代表的实用主义中和了两种极端，成为一种小众沙龙香的流行指标，也最具备大热大卖的潜力，看来实用主义永不过时，姜还是老的辣。

有眼光的时尚投资者应该尽快行动才是。

NICOLAÏ
PARFUMEUR - CRÉATEUR
PARIS
FIG-TEA
EAU DE TOILETTE

平凡的过去

For Parfums de Nicolaï Fig-Tea

献给 尼古拉 无花果茶

我们谈论河流，泥土，伞
谈论法文书，谈论
啊那只鹭鸶代替月亮
自树影里浮出
有一点颠簸
——杨佳娴《微微》

杨佳娴，生于1978年，台湾高雄人，台湾作家、诗人、散文家、青年评论家。

6 岁，你站在那里，那是幼儿园的舞蹈教室，或者是国小的课后社团，你不知道你为什么站在那儿，只是偶尔不想跟其他小朋友一样幼稚。

你刚挨了老师骂，老师说你的裙子太招摇。你站在窗前，望向窗外，你觉得一些黄黄绿绿的叶子很好看，你看见一朵花从花蕾到花瓣，你看见红红的太阳滚成淡橘色的星光，你就痴痴地看，你想，老师骂我，我好想哭，可是我要忍住，因为我喜欢这种橘色的光。这时候，小伙伴们发现了你，他们嬉戏着包围你，打闹着把你带走。

一转头，你把那一年的窗里窗外遗忘得一干二净，当你读着席娟、席慕蓉，找寻着五瓣的丁香花，那馥郁的香气飘散着，其实也曾飘过 6 岁时的那扇窗，只是你已经不在乎那是不是一种值得怀念的东西。15 岁的雨季，你站在家

舞蹈教室没长大，
里面跳舞的人好大一只

里的阳台上，因为正是乍暖还寒的时候，所以樱红的花苞上还隐隐约约带着雪痕，尽管是春光透出斑斓的下午，一切都在转暖，可你仍感到懊恼，因为有两个人发现你喜欢那个俊俏的男生，他们禁止你出门。

挥挥手，你开始觉得今是而昨非，时光流过你的躯体，你觉得你被时间充盈了，你自由了，你可以谈恋爱了，然后你跟男朋友正在热恋中。某一天，你站在你跟他合租的低矮套房的窗前，那扇窗或许有史以来就从未被擦拭过，窗外正是凛冽的寒冬，西北风像是意欲给你一记重重的耳光一样，无情又无奈地敲打着玻璃。不知道为什么，你却推开窗，你跟风讲："你就来吧，有人保护我了。"一边说着，一边露出些欢喜的倔强。

越走越快，你变成了6岁孩子眼睛里的大人。你办过了婚礼，也付了不少红包；贷款买了房子，也信誓旦旦并差强人意地装潢了它；你忙碌着，却不知道在为什么而忙碌，或许偶尔也知道吧，大部时间你也不想知道。有一天，你洗完了一大盆衣服，有你的，也有他的。你匆忙地晾晒着衣裳，无意中向窗外望了望。你看见世界的姹紫嫣红有些莫名的俗艳，你觉得红红绿绿的不好看，你喜欢单色、纯色、素雅，你莞尔一笑，优雅地出门。

跑步前进吧，不然太慢。6年前，你有了自己的小孩。真的不该轻描淡写地就说"过了6年"，可你宁愿不再去多加回忆，就像我们搭飞机一样，落了地就不要管乱流有多可怕。你很爱你的女儿，毫不犹豫地，你给她穿公主裙；你常说她是世界上最美的公主；你给她最好的教育，你在她还没出生时就求了一辈子都不会求的人，找了一辈子都不会找的关系。

某个周末，你同往常一样，带着小公主来到舞蹈教室，孩子们跳累了，就在墙角坐下休息。你想着车子该保养了，站在教室的另一个角落，一转头，你发现你的身后是一扇窗，望向窗外，你觉得一些黄黄绿绿的叶子很好看，你看见一朵花从花蕾到花瓣，你看见红红的太阳滚成淡橘色的星光，你就痴痴地看，除了你身上的灰色连衣裙，一切恍如往昔一样。

随时光的河流过身体的河床，有些东西自然地而然地被我们淡忘，有些成为记忆，有些甚至成为轮回，永不能忘。我们会记得什么呢？我们该记得哪些呢？翻翻我们的记忆想想，我们记得的无非是“第一次”系列、“最”系列和“最不”系列。

可是，那些站在窗前的平凡光阴，那些你在窗里窗外看到的四季，你于四季中体味的繁华、落寞，你于繁华与落寞中的莞尔一笑或泪流满面，这些都是你对世界真实的态度，也是光怪陆离中不曾改变的种种。而当时的月亮，也成为最忠实的见证者，只要你爱它，它就永远在那儿。

我想可能是因为我渐渐老了（但是这个由头没有人可以幸免，呵），我开始细数记忆里一些泛黄的东西，比如老照片、老课本、老作文，但无论如何，我再也触不到当时的月亮。谁记得我们这坎坷的生活截止到现在的所有细节呢？除了那个当时的月亮，那些平凡得总是很平凡的夜晚。

所以直到遇到 Parfums de Nicolaï 的无花果与茶女香（Fig-Tea），我才真的借由那酷似酸三色糖果中黄色糖果的橘黄香气回想起很多月下的平凡夜晚，比如有时我跟爸爸妈妈在社区的小公园里点燃一堆艾草，跟邻居小伙伴还有他们的爸爸妈妈一起听不知哪里来的极其吓人的鬼故事；少女们曾在一个充满炖肉香的夜晚挤在一个油兮兮的饭桌前坐好，等待美少女战士的光临，吃着酸三色糖果，说着“我要代替月亮惩罚你”，不，是“我要代替月亮惩罚她”。

只有当那些平凡时常被记起，我们才能确认永葆善良。

说说 Parfums de Nicolaï：你别走，我的昔日

不论是在 20 年前还是现如今，Parfums de Nicolaï 都是巴黎沙龙线响当当的品牌。不但如此，我们在这里大谈特谈的小众香水，这个所谓的小众就是 Nicolaï 的创始人 Patricia de Nicolaï 女士以及一大批无法忍受大佬和威权的初生牛犊创造出来的。

这个品牌的创始人 Patricia de Nicolaï 原本来自盛极一时的 Guerlain 娇兰家族，大学主修化学，后来在 ISIPCA、Florasynth 和 Quest 学习调香技术。

1988 年，当时还身在 Quest 的她创造历史，成为第一位获得年轻调香师国际奖章（The International Prize for Young Perfumers）的女性职业调香师。按照这个逻辑说下去，Patricia de Nicolaï 女士应该堂而皇之地接手娇兰的家族生意——如果有家族内斗的因素，就算不接手，也该加入娇兰成为大调香师才比较合理。

但叛逆的她却选择在 1989 年自立门户，在巴黎创立了 Parfums de Nicolaï 独立品牌。

在那个还没有小众香水概念的年代里，自立门户几乎相当于荒野生存。但事实却是，自立门户并不是因为 Patricia de Nicolaï 本人有多叛逆，而是困扰人类文明的性别歧视在作祟：娇兰从来没有女性调香师，甚至没有调香师助理是女的。

—

白花西普调的上佳之作

—

拿破仑一世古龙水得以复刻，她功不可没

不过，现在看来，当时娇兰的掌门人Jean-Paul Guerlain没有让自己的外甥女加入公司，对娇兰而言，是个莫大的损失。后来在1998年，娇兰任命了Thierry Wasser——一位出品过迪奥Addict的男性调香师为首席，但众所周知，时至今日，那个曾经丰满前卫、博大精深、引领潮流的Guerlain香水品牌，已经失去了午夜飞行女香（Vol de Nuit）、一千零一夜女香（Shalimar）的一时风光，变成了今天闷闷的娇兰（我觉得自己的用词已经很有礼貌）。

原因很简单：这么庞大的品牌，若不敢于“自宫”，恐难留下什么新东西给这个纵情时代——莫说笑傲吧，再过几年或许生存都有问题。但要真正做到自我推翻，也是说起来容易，做起来难。

说了那么多娇兰的八卦，还是回到Patricia de Nicolaï女士身上吧。

方瓶子方阵走过来了

现在她已经不仅仅是自己沙龙香品牌的创始人，从2008年开始，她接手了香水档案馆组织Osmothèque，成为主席。Osmothèque旨在保护那些因时间流逝而逝去的香水配方，最近，他们将一些古老的香水配方授权给工厂，重新开发了拿破仑一世的御用古龙水，同时也复刻了全球最大的香水公司Coty足以命名一种新的香型的Chypre女香。

跟大美女创立的Annick Goutal品牌不一样，Parfums de Nicolaï给我的感觉是一种接地气的自由表达，它绝对不是天马行空的，而是循规蹈矩、自我

升华的。当然，从某种意义上说，你可以理解为一种保守。

这种保守体现在作品中，就是有迹可循、不极端。

整个产品线除了按照浓度划分为EDP、EDT、EDC外，另按香调情绪分成了Intense、EAU FRAICHE和OUD三条线，把激动的情绪和水般的清新还有中东的沉香分开，这也算是一种小贴心。

不过，我在巴黎第一区的旗舰店里试过香，并对驻店调香师做了简短的访谈，也获赠了一本Patricia de Nicolaï女士签名的画册，但是我仍旧没有记住太多打动我、震撼我的味道。我默默告诉自己：这应该就是Parfums de Nicolaï的风格吧——所有味道都有远亲近邻，并不是遗世独立的。

“Intense”系列里给我印象最深刻的一支是2014年新出的古巴皮革中性香(Cuir Cuba)，猜到了清新的鼠尾草般的开头，却没有猜到太妃糖般甜甜的内核，内核周围围绕着一些花香、动物香、烟草香，使这个甜的感觉更加立体，也更黑暗、更接近皮革，应该是那种有暗红色纹路的大块牛皮。但这个感觉让我一下子想到了法国品牌Serge Lutens的两支，一支是北非东风中性香(Chergui)，另一支是迈索尔檀香中性香(Santal de Mysore)，一支算是远亲，一支则是近邻。

“EDP”系列里我比较喜欢宫女(Odalisque)这一支。大约是在2013年前后,我曾非常醉心于收集西普调香水,Odalisque是非常典型的白花西普调,跟香奈儿旗下那些花香西普调的姐姐妹妹们也算得上远亲近邻了。

“EDT”系列里的无花果与茶(Fig-Tea)，算是一个非常特别的存在。沙龙香里的无花果主题不少，但是这么平凡的不多;沙龙香里的茶本来就不多，所以远亲近邻自然也很少。Fig-Tea这一支看名字很单纯，可其实闻得出来它并非那么单纯，有很多隐隐的辅助线比如微腥、微苦，这样立体裁剪的香水才有趣。前面说到，Fig-Tea的味道常让我想到当时的月亮，一种在有风的夏夜被温黄色包覆的淡淡清甜，不是柠檬，却又胜过柠檬的单酸。

总的说呢，寻求刺激的人并不适合Parfums de Nicolaï，请允许我这么说，而不是反过来。

因为Parfums de Nicolaï是无法被撼动的，否定也几乎不可能——至少未来几年都是这样。一个香水品牌之所以受人尊敬，不仅仅是因为作品，还有创始人本身——Patricia de Nicolaï和丈夫一起跨越主流香料公司的藩篱、自我革命的事迹会一直闪烁着直到当事人离世。

而在那之前，Parfums de Nicolaï香水品牌没有被重新定义的必要。

欧罗巴

Europa

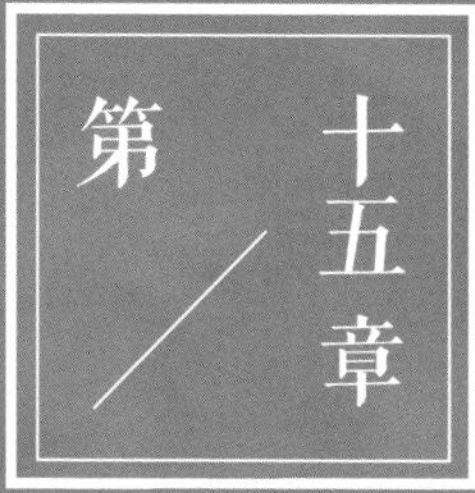

去往拉雪兹

For Boadicea the Victorious Glorious

献给 博迪西亚·维多利亚 荣耀

十二月的一个下午，烟雾正浓，

你让这场景自己来安排——仿佛足以达意——

一句话：这个下午，我留下给你

——托马斯·斯特尔那斯·艾略特

《一位夫人的画像》

托马斯·斯特尔那斯·艾略特（Thomas Stearns Eliot，1888-1965），英国籍美裔诗人、剧作家和文学批评家，1948 年获诺贝尔文学奖。

—

在巴黎的Jovoy第一次认识
这个品牌时的情景

法国有一位叫Anaïs Biguine的姑娘，她很喜欢文学，所以创立了一个自己的香水品牌。是的，我没说错，你也没听错。

这个香水品牌叫Jardins d`Écrivains，中文译为“作家花园”，2012年才推出第一款香水，说起来是很年轻的小众香水品牌。作家花园旗下的每款香水都是为了纪念一位作家或书中人物，用时下最时髦的表达方式，这叫香氛 × 文学。

比如，一瓶叫George的女香是用来缅怀法国另类女作家乔治•桑（George Sand）的；再比如，一瓶叫Junky的中性香水则是不言而喻地献给用身体在写作的美国导演威廉•巴罗斯（William S.Burroughs）的。

走了太长的路，所以遇到了各种各样俯拾皆是的巴黎一秒

当然，今天在这篇里提到 Jardins d`Écrivains 绝不是为了塑造小众氛围（其实怎么不是？），是因为她们家推出了一款中性香水叫王尔德（Wilde），我想，这样一个香水品牌在王尔德这个问题上一定不会缺席，缺席了就太不称职了。

没错，今天的主人公就是王尔德。

有的朋友可能要问了，那么你这篇文章干吗要叫“去往拉雪兹”呢？这个拉雪兹和王尔德有半毛钱关系没有？

选在巴黎一个晴朗无风的午后，你随便在街角某个咖啡馆享用一些精美的下午茶点，然后问一个巴黎人：“王尔德跟巴黎有什么渊源？”

只要你问到的人对文学稍有关注，我想多半那个巴黎人会饶有兴致地告诉你一些关于奥斯卡·王尔德的八卦，比如跟法国作家、诺贝尔文学奖得主纪德（André Gide）的绯闻，以及不忘在末尾补上一句：“王尔德死在巴黎，你知道的。”

事实上，中国读者对王尔德其实并不是那么的熟悉，当然也不陌生，但对于他大半辈子都在伦敦生活，老了却饥寒交迫地来到巴黎生活一点也不感冒。如果不是王尔德曾因为同性恋情被当时依然处于保守社会的英格兰以鸡奸罪投入监狱的话，那么我敢说认识他的人至少会减少90%，甚至更多。

然而这个世界虽然残酷，却无失公平，这在王尔德的一生中体现得最真切、最完整。那些王尔德因为戏剧、诗歌、小说的巨大成功而备受伦敦人追捧的场景似乎还没有真的过去，而那些上流社会曾经的酒肉朋友就无情地摆出白眼，不再联络就呼啦啦一下子到来了，这让奥斯卡·王尔德的玻璃心猝不及防。

最关键的是，王尔德的悲剧大部分并非来自社会，而是来源于爱情。

他的男伴是个极其不靠谱的小白脸，吃他的喝他的住他的，任性小心眼之余，还让王尔德因为他的父亲而被判有罪。

如果换作是我，我一定会写一整部辱骂这个贱人的书，书名叫《你给我听好》之类的。结果王尔德就真的也这么做了，只不过名字哀伤得多，叫《自深深处》（*De Profundis*），里面通篇充满滥情的自责。我是在从法意边境的小城开往里昂的列车上读完这本书的，还没读完，我旁边会说英语的法国大婶便迫不及待地跟我数落起王尔德那个爱人的龌龊，令我印象极其深刻。

所以在某一次去巴黎时，我想起了王尔德现在在哪儿这个老套的问题——我想去他的墓地转转，带着一种后世的抚慰。因为我听说他在巴黎去世的时候不但一贫如洗，连旅馆的账单都没付，而且孤身一人，心中带着极大的恐惧和怨恨。

在网上查了一下，原来我并不是第一波想去他的墓地抚慰他的人。事实上，他的墓地所在的拉雪兹神父墓园已经成为某种意义上的景点，很多偶像级别的人物死去之后都长眠于此。而王尔德的墓，是最常被光顾的一个，墓碑上布满的红色唇印就可以证明。以至于墓园管理者不得不特别为王尔德的墓碑加了围栏——这在整个墓园里是绝无仅有的。

决定了要前往拉雪兹，却没有决定带些什么，因为不知道什么才能抚慰到他，当然我还是那个讨厌老套的人。

如果你是王尔德的粉丝，你此时应该毫不犹豫地说出五个字：绿色康乃馨！那些还不明白绿色康乃馨为何被选为送给王尔德的最佳礼物的读者，请看下面的故事：

王尔德还在伦敦拥趸成群的时候，他在他的戏剧《温夫人的扇子》（爱极了这个翻译）首演时，自己跟演员都佩戴了一朵现摘的绿色康乃馨。在戏剧散场之后，疯狂的粉丝们就开始不明就里地以佩戴绿色康乃馨为标志，表达对偶像的喜爱。

再后来，事情被传得有点开，特别是王尔德被判入狱之后，对现实不满以及深藏不露的homosexual（同性恋）们便以此绿色康乃馨为沉默的利剑，意图刺破什么。于是无辜的绿色康乃馨终于跟王尔德、跟反抗异性恋迫害、跟反对肮脏的现实扯上了关系，而且一扯就是一百多年。

20世纪末，英国政府在伦敦树立起王尔德的塑像，并公开向王尔德先生致歉。这个行为更激发了很多人认为自己参与的不仅仅是一种现实，更可能是一段历史的巧思。而王尔德，则被用来跟那个旧世界犀利宣战，绿

走进那扇门，
就进了拉雪兹神父墓园

色康乃馨被用来象征王尔德的精神世界。

但是请注意，再好用的梗用的人太多了，也变成了毫无新意的平庸。显然，我不想拿一束绿色康乃馨前去让所有人都分不清自己送的到底是哪一束。

于是我决定在前往拉雪兹的路上，帮王尔德选一支香水，喷满他的墓碑，我自认为这可比那些不怕脏不怕累的唇印高雅浪漫多了。那么问题来了，该选哪

那满碑的红唇哦，是一个又一个孤独与叛逆的写照

一支呢？

首先考虑了一下前文中提到的 Jardinsd’ Écrivains 推出的王尔德中性香（Wilde），结果试香之后简直不能用大失所望来形容。那些自以为不管把香水调成什么鬼样子只要加了绿色康乃馨进去就可以称为 Wilde 的家伙，你们这种想法是不文学的，是一种肤浅的翻译。

然后又想到了 Floris 的 Malmaison，因为据说王尔德用过这支香水。不过我在想，先不论王尔德是不是真的用过这支香水，Floris 这种来自他眼中万恶守旧的英格兰的香水，王尔德恐怕避之不及吧。这显然不是在拍电影《闻香识女人》，记得这部电影里阿尔・帕西诺刚一上飞机就对着空姐叫人家“达芙妮”，并说用Floris香水的美国女孩就该叫这个名字。我想阿尔•帕西诺的意思已经非常明确了：Floris 的守旧与美国的自由那么格格不入，对吗？是的，没错。

更何况这一支里竟然也有康乃馨，这让我开始高度怀疑王尔德活着的时候是否真的用过这瓶香水。

正在着急之际，我很偶然地在香水店的角落重遇了 Boadicea the Victorious 这个品牌，忽然就意识到荣耀中性香水（Glorious）这一支应该再合适不过了。

肤浅地说，Boadicea the Victorious 虽然也来自英国，但是却带有强烈的反抗意味，这个品牌里的女汉子形象一直给人原始的勇敢力量，而这恰恰是王尔德当年在伦敦时最欠缺的东西；深层次一点说，这瓶香水的名字非常契合整个故事，那些原本在旧时光里因种种原因而被误解的东西，终于在一百年过去之后成为一种无罪的常态，甚至我都觉得，在全球彩虹旗飘扬的情景之下，同性爱、祝福同性爱、通过同性婚姻法案几乎成为一种时尚、一种荣耀；更深层次一点说，Boadicea the Victorious 的这支 Glorious 几乎是品牌里调香水准最好的一支，不但做出了果香、花香、皮革香、烟草香的分明，而且过渡得近乎天衣无缝，这样的一生仿佛一个少女从含苞待放到盛放再到苦涩的晚年，那几乎对应王尔德的一辈子，他收到这个礼物应该会莞尔一笑吧。

所以，选了一个晴天，在巴黎大寒的时节里，我终于得偿夙愿。从巴黎第五区出发一直步行来到二十区的拉雪兹神父墓园，把这支我心里的王尔德之香——Glorious，原原本本地献给了可爱的王尔德。我把香水瓶也留在了墓碑的水晶围栏里，希望某些过去受过奇耻大辱的时代悲剧的主角，在心里能有那么一丝丝宽慰也好——你最终完完整整地赢了那场官司，你非但没有成为宗教传教士口中的反面典型，反而成为很多同性恋者及其支持者的莫大荣耀——你受审的地方建了你的纪念碑，你受审城市的市长在100年后跟全世界说了对不起，他们错怪了你。

我觉得你回本了，赚翻了。

下次来巴黎再来看你——这算是一种承诺。荣耀的味道快要消散殆尽的时候，我就一定会出现在去往拉雪兹的路上。

谁说买椟还珠一定是贬义，至少说明瓶子是真好

说说 Boadicea the Victorious：勇气与繁荣

第一次听说 Boadicea the Victorious（BV）这个品牌，还是在威廉王子跟凯特王妃大婚的时候。凯特跟她离世的婆婆一样，并没有在大婚时选择王室老牌御用香水，而是选择了平民调香师迈克尔·博迪（Michael Boadi）的新创品牌 illuminum。而 Boadicea the Victorious 的初创人，跟 illuminum 是同一位，也是 Michael Boadi 先生。

Michael Boadi 是出生在英国的黑人，并非调香科班出身，而是一位知名的发型师(这让我想到了Penhaligon`s)。他的父母都是加纳裔,他在纽约、伦敦等地为麦当娜、凯特·摩斯等名人提供发型设计服务，并跟一众知名摄影师一道服务于*Vogue*等时尚杂志。

不过Boadicea the Victorious这个品牌真正名声大震还是在Michael Boadi把经营权转让给财团以后。据说那时奥巴马总统访问英国，他的夫人米歇尔一头扎进BV位于伦敦Harrods百货的专卖店买下三支不同香型，由此传为佳话。

我想很多人好奇的并不是这些故事，而是品牌名称里，the前后的两个名词到底是什么？重点来了，我之所以会推荐这个出身不高贵、调香理念不深邃的英国品牌给大家，看重的就是两点：第一，品牌名字起得好；第二，香水瓶别致。

先来说名字。

Boadicea the Victorious这个名字里面的前一个单词Boadicea是一位英国历史上鼎鼎大名的反抗罗马人统治的女英雄——博迪西亚女王（Queen Boadicea），她的丈夫原本是部族首领，在临死时将财产分成两部分，一部分留给罗马入侵者，一部分给了自己的妻小。这样做的目的无可厚非：希望部族与罗马人和平相处。但事情往往都坏在这个一厢情愿上。

对立和对抗最终还是演化成激烈的种族冲突，博迪西亚女王因为无法忍受残酷的罗马入侵者对自己部族的蹂躏，所以揭竿而起，带领部族老幼展开了一场正义的保卫战，但终因装备落后、寡不敌众等因素战死沙场。

所以香水品牌以博迪西亚女王的名字作为开头，给品牌带来了非常英勇、有历史厚重感的气质，但也兼顾了女性本体特质，形成了女汉子效应。很多英国朋友也不知道这个香水品牌，但我写给他们之后他们的第一反应就是这

同样是散发出丝绸光泽的
小伙伴要合照

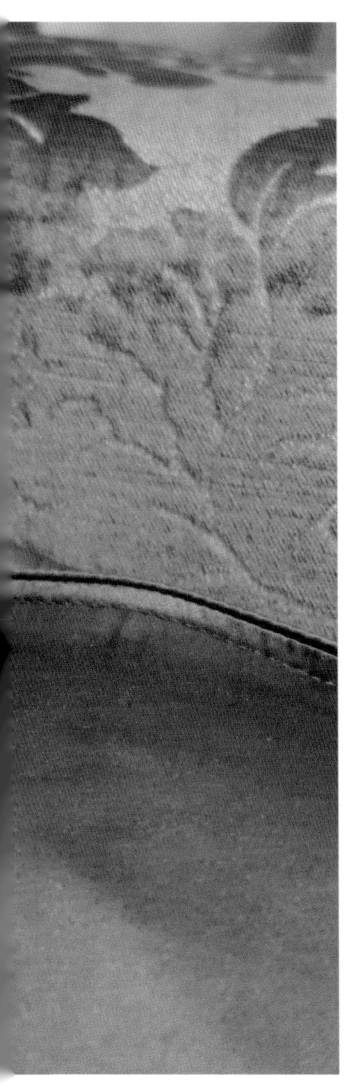

香水跟Queen Boadicea有关系？可见博迪西亚在大不列颠的知名度。

而the Victorious并不是Queen Boadicea的姓氏，跟博迪西亚女王也没有任何关系。它意在怀念那个大不列颠的巅峰时段——维多利亚时代。英国人普遍以前接乔治王时代，后启爱德华时代的维多利亚时代为荣，其后期更是英国工业革命和大英帝国的巅峰，具有无与伦比的骄傲气质，远远不是现在这个跟在强国屁股后面的熊样。

看，the Victorious代表了繁荣。

所以整个香水品牌的历史虽然不长，却借用两位女士的姓名表达出勇气与繁荣这两个人类历史上心心念念的美景——谁不希望自己所在的大时代是这样的呢？

其次说香水瓶子。

Boadicea the Victorious有好几个不同的系列，每个系列的瓶子形状都是一样的，但是瓶身和标签的材质不同。尽管材质有差异，但手工打制的锡制、银质或镀金香水标牌还是让人有一种原始的尊荣感。特别是当你拿近看时，品牌的LOGO被粗糙地打制在金属标牌上的感觉，很奇妙地跟粗糙不沾边，反而会令人感受到一种两千年前的质朴；香水的盖子实心实意、有重量且压手感刚刚好，整个品牌呈现出一种买椟还珠的潜力和气质。

说到买椟还珠，肯定是因为本人不觉得BV有什么出众的调香技术，所以才这么说。

个人认为BV有两个很大的品牌流弊，是我几乎忍不了的两件事：

1. 短短5年推出了70多款香型，因为这个速度，经典作品的良品率降到非常低，大部分的香型都没有必要存在。

2. 几乎一半的香型都使用了沉香木，这种陋习除了另一个以中东为诉求的巴黎香水品牌Montale更甚以外，就属Boadicea the Victorious了。有人可能会辩解：“调香师就是喜欢沉香啊，没办法，请尊重个人表达。”

我很尊重个人表达，所以也表达自己的意见。

滥用沉香背后的心态很值得揣摩。

其一，是跟风。在2010年间掀起的这股子沉香热在小众香水品牌里率先发酵，可圈可点的小众香水品牌纷纷推出了“OUD”系列，不一而足。但是到了2013年年底时，基本上OUD风潮已在小众香品牌中过去，换成了不能承担风险只能复制成功的大众街香推出“OUD”系列了，Gucci尤其如此，据说后来连Boss都出了，令人非常傻眼。可即便是这样，Boss比BV还更好一点，毕竟人家只出了一瓶，但是BV呢，出了30多瓶。

其二，是哄抬身价。出现这么大面积用沉香的情况，合理的目的只有一个：卖得更贵。因为凡是跟沉香沾边的香水，卖得贵些众人也甘之如饴，但是从来不去想这里到底需不需要沉香，又或者是这一瓶里加了多少剂量的沉香。我非常不赞同滥加沉香的行为。而且，老挝沉香原料的价格并没有我们想象的那么高不可攀，以此卖得贵顺便抬高品牌身价是不合适的经营战略。

多有批评之后，还是在Boadicea the Victorious里发现了几支爱香，不是所有沉香都可有可无，有几支还是值得一买，不然这个品牌就不会出现在这本书里了。

前文讲到的2012年的荣耀（Glorious）首屈一指。没有沉香但复杂多变的香调呈现，给人集大成的感觉。尤其是前调中的菠萝和后调中的烟熏效果，过渡起来丝毫不紊乱、不冲突，仿佛一个妙龄少女的一生：糖果般初绽，花般怒放，灰般扬起或长埋地下。生命本身就是无与伦比的荣耀。

2008年的庄严女香（Majestic）是其早期香水作品中最出色的一款。白花的白加青草的青，再用蜂蜜跟玫瑰拉回暗黑色系一点点，白面玲珑，永不凋敝。而另一支绿叶花香调的雅致（Delicate）同样作为早期作品，经典地呈现了绿叶花香题材的本来面目，加一点点肉桂带来一些多层次的冲撞，是非常有想象力的调法。

最后介绍罕见的白花沉香（Exquisite），白花草香被沉香加重了清爽的轮廓，也有了木的实心，还有了些许烟熏的错觉。

Boadicea the Victorious显然是非常不完美的，但是再不完美的沙龙香水品牌里也有值得艳羡的作品，至少它带给我们一些美好：勇气与繁荣。

奢求那么多本无益，有这两个就够了。

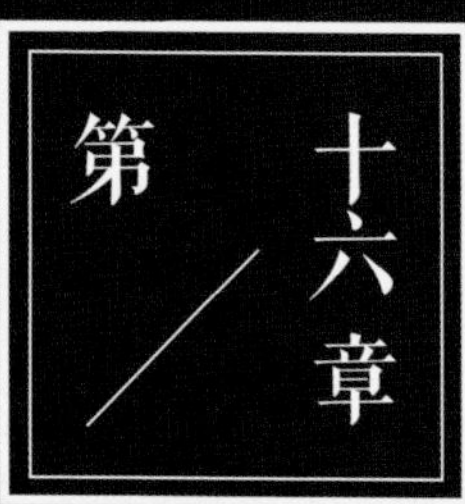

翡冷翠豆腐店

For i Profumi di Firenze Ambra del Nepal

献给 翡冷翠之香 尼泊尔琥珀

Spezierie Palazzo Vecchio
Dott. G. Di Massimo - Firenze
Acqua Mirabile Odorosa
Ambra del Nepal
i Profumi di Firenze

你愿意记着我，就记着我，

要不然趁早忘了这世界上

有我，省得想起时空着恼，

只当是一个梦，一个幻想

——徐志摩《翡冷翠的一夜》

徐志摩(1897—1931)，现代诗人、散文家，生于浙江嘉兴。

五年前

你一定想不到，台北的冬天比北京难过得多，告别了室内22度的暖气，才发现以前花重金买来加湿器并不是什么好事。

台北冬天的雨往往像经期第三天的流量，既不汹涌也不断绝；这时候，房子里开始湿冷，人的心情就像被扔进洗衣机漂洗脱水后未烘干的毛衣：说干燥，放久了也能发霉；说湿润，却也拧不出一滴欢愉。

在这样的季节里，一个偶然的机会，我又买错了香水。这种错误也许有些人一辈子都不会犯，而有些人一个月就可以犯两次，我就是后者。原因很简单，我显然走神得厉害。

因为是错买的，我也就没放在心上，因为对尼泊尔的陌生和年轻时对木脂类香水的恐惧，所以我甚至没有抱任何希望。果然，翡冷翠之香的尼泊尔琥珀男香（Ambra del Nepal）的味道就是那个尘土飞扬再夹杂些枯枝落叶、活埋一亿年的感觉。它在我的桌角站了两天之后，我打扫衣橱时，才注意到这瓶香水还没开封。

打扫完毕，我把床单和被套拿去烘干，烘干完的细软有一种极其可人的温度，让人很想当下钻进去睡。忽然觉得被子上只有洗衣粉残味和烤焦的螨虫味很单调，于是我决定拿支香水来喷被子。

那时的我，肤浅地认为其他名媛淑女都不应该拿来干这等用途，于是想也没想，拿起尼泊尔琥珀粗糙地喷了几下，之后便放下被子去忙些有的没的。

当天晚上，我喝得有些醉。我不常喝酒，但每一次喝都介于醉与不醉之间，这个状态是很难过的：心里的所有苦闷都会一齐涌上心头，偏偏又觉得自己不是自己，那些苦闷都好似别人家的事。

谢过送我回来的先生，上楼、开门、回手关门、开水龙头、卸妆、洗澡、擦干、钻进被子。

就在那一刹那，一种从未有过的温暖竟然弥漫开来，我赤裸的身体在寒冬的湿冷的台北竟然从心底泛出一丝暖意。因为那被子里收藏了阳光的味道，尽管那只是我大脑里的臆想。

但别人永远给不了你，如果你不愿这么想。

原来琥珀，就是凝结了的亿万年前的阳光精露，在我身体表面徐徐绽放开来。

我猜，单身、不单身的男男女女都会觉得冷，有的像我一样裸睡，有的穿着高档的丝质睡衣，有的依偎着另一个身体，可那些寒冷的感触却都是源自一处。那种寒冷来源于一种生命本是孤寂的发作，一种对于生活不够有趣的抱怨，还有一些想爱别人却被空气绑住的失落。

那阵子在看一部纪录片，叫《他们在岛屿写作》，其中《化城再来人》那一集重温了周梦蝶，觉得他一定要出现在这篇文字里。周梦蝶有一首封底诗

6月5日

若欲相見
只須於
悄無人處
呼名
乃至
只須於心頭
一跳一熱，微微
微微微微
一熱
一跳，一熱

周梦蝶

—

有空去读一读这首诗，立意深刻、笔法婉约、绕梁三日至美

老版的尼泊尔琥珀，现在已面目全非

叫《善哉十行》，里面写到“若欲相见，即得相见”，又写到“你心里有绿色，出门便是草”，以至于写到“若欲相见，只需于心头，一跳一热”。

我知道会有多少人惊呼：“不要犯傻，这不是真的相见！”可是这是不是真的，心里的太阳是不是真的，外人说得都不算，那完全是你自己的事。这就是电影《道士下山》里老和尚劝解无法死去的郭富城的原意。

所以这个太阳到底是谁？没有答案。

最好是一种没有生命或是长于我们生命的东西，这样我们就可以自私地一生享用，不会再有比如失去爱犬或一棵榕树的遗憾。

气味就是好恰当的一种。

比如翡冷翠之香的尼泊尔琥珀，我读不出它的意大利文名字，曾深深伤害过它，甚至不能顺畅地买到它。可这些都不重要，重要的是这瓶木脂香调、傻傻的、低调得有些落寞的、包装简简单单的香水，在你潦倒畏寒时给你的温暖，好似一个太阳，比任何一个宣称过或没宣称过爱你一辈子的同类，都来得永恒。

我是多么自私悲观而害怕落寞地活着。

五年后

今天，为了翡冷翠之香的尼泊尔琥珀，我特地绕道跑去了翡冷翠。多年不见，小镇还是那么风清云寂但气象万千。小镇没怎么变，但是尼泊尔琥珀的瓶子变了，液体也变了。

两年前，有位特别喜欢尼泊尔琥珀的朋友准备离开去另一个城市，所以我就忍痛割爱，把香水送给了她，希望她永远记得我们共度的时光。

于是今天重到 i Profumi di Firenze 总店时，我真的是积欲甚久，却大失所望。今天的尼泊尔琥珀，已经完全没有了四年前浓郁的包覆感，也不再陈旧，香精浓度也下调了不少，变成了一支淡淡的木质香。

瓶身也变成了通体的玻璃，重量比以前增加很多，但没有了那低调的金属质感，也没有可改换的一喷头一涂抹双瓶盖设计（Serge Lutens 至今坚持如此），完全像是换了一个人。小店里也卖起了护发系列、推出了保健品系列、搞起了买一送一的大促销。听老板说，他们已经进入美国市场，并且正在积极谋划重回亚洲市场。

果然 i Profumi di Firenze 还是选择了一条意欲做大做强的路，多多少少让我感到有些遗憾。我想起在日本京都去过的奥丹豆腐店，一家人做了 300 多年的豆腐，有人评价它说："每一道菜都像演戏，像艺术，即便一块豆腐、一碗拉面，也丝毫不懈怠。一种精神的灌输，一个细节的关注，无不体现在生活各处。"想想 20 世纪成立、过去红极一时的 SONY、SANYO 都已经奄奄一息，如果 50 年之后，让全新的一代人坐在巷口，跟他们谈古论今，他们断然不会知道有什么 SONY 这么一回事；但十有八九，他们仍可以轻易找到奥丹豆腐店的小楼，吃下一碗素净的豆腐汤。

你问我哪种才该是商业的真谛和应有的前途？抱歉，我也答不上来。

在这本书里，很多人都能在各个章节感受到我对各路资本进入沙龙香水产业的担忧，但其实别误会，我没有操碎的心，也不是一个反资本的人或者无知愤青。刚好相反，软银、险峰这样一批中国很专业的风投机构都曾是我的投资人，我充分认同资本在很多行业的价值。

但今天，我还没有发现一个因为资本的介入而使调香作品变得更加极致的沙龙香品牌，这个极致，当然不是赚钱，而是产品理念和品质。

从 Jo Malone、Diptyque、Annick Goutal、阿蒂仙之香到今天的 i Profumi di Firenze，我担心在全球展店的同时，急功近利会像今天吞噬掉我四年前的尼泊尔琥珀一样，吞噬掉一批最需要泰然自若、最需要不忘初心、最需要不顾嘈杂的沙龙香品牌。到那时，做大做强的连锁豆腐店里就再也没有我的太阳了——实际上已经没有了。我好自私。

商业模式的争论还在继续，我的观点是：哪个模式更好，要分行业。就沙龙香水这样的一个行业而言，奥丹豆腐店是唯一可以定义成功的模式。换句话说，明天的 i Profumi di Firenze 如果是今天的娇兰香水，甚至是今天的流星幻彩粉球，那么这个世界上一定会有一个新的 i Profumi di Firenze 出现，直到有人愿意把它做成奥丹豆腐店为止。

无限期支持翡冷翠开出奥丹豆腐店。

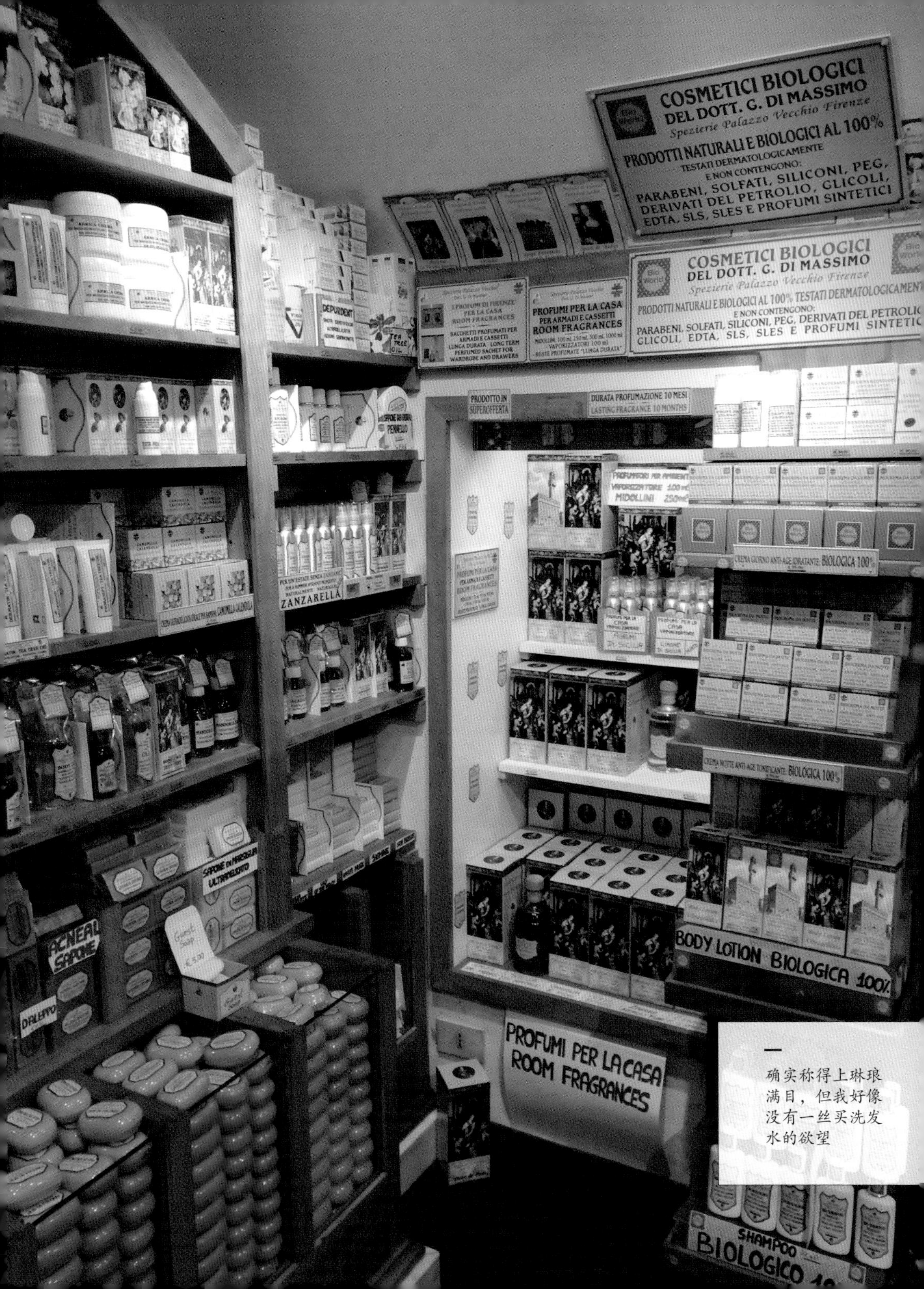

确实称得上琳琅满目，但我好像没有一丝买洗发水的欲望

认识 i Profumi di Firenze：我已再不是雷美

徐志摩笔下的翡冷翠，官方译法中的佛罗伦斯、佛罗伦萨，不管是哪种，都遗忘不了这个小镇的美，因为它就是至美。

我曾坐在翡冷翠的小广场暗自庆幸：如果没到过翡冷翠，那该是多么大的遗憾。

翡冷翠不仅有阴晴不定的翠蓝天、小镇房、阴凉巷，还诞生了像洛伦佐·维尔里西（Lorenzo Villoresi）、圣玛利亚修道院（Santa Maria Novella）这样可以与巴黎抗衡的香水世界，当然，话说到这里如果都不提翡冷翠之香（i Profumi di Firenze）就太过分了。

陪这本书一路走来的人可能已经意识到了：为什么法国、英国、北欧，甚至连中东的香水品牌都介绍了，却还轮不到意大利，要知道意大利可是法国制香业的老祖宗。

这个问题我也问过自己好多遍，为什么不太感冒意大利的香水？具体的我也答不上来，但就是觉得意大利人太精明、太爱钱了，做的东西缺少法国人的灵魂和精致美感，是个大老粗。（当然，屡次同一笔交易被刷两次信用卡的糟糕体验也是影响因素，但不主要。）

—
拍照的同时在吃永远吃不腻的
翡冷翠提拉米苏

不过i Profumi di Firenze虽然也没有法式的精致，但是多了一些天然和质朴，因此得以在繁多的意大利小品牌中脱颖而出。

最早拿到i Profumi di Firenze的香水是在2010年，台北一个叫Cyrano的沙龙香买手店有一年一次的大清仓，那几乎是每个沙龙香爱好者的节日。刚好那一年，翡冷翠之香要结束在台湾的销售，所以库存打了2折还是3折，于是我买到了一堆心心念念很久的翡冷翠之香。最喜欢的两支是尼泊尔琥珀男香（Ambra del Nepal）和凯萨琳皇后女香（Caterina de Medici）。其中，后者通常被人们认为是翡冷翠之香的品牌源起和镇店之宝。

这倒不是因为凯萨琳皇后女香多昂贵，而是一个源于16世纪的传说。据说，翡冷翠之香的创始人Dr. Giovanni di Massimo于1966年在地下室意外发现了一份文艺复兴时期的手稿，而那份手稿正是16世纪凯萨琳·美第奇皇后的调香手书。

在佛罗伦萨近代历史上，1966 年是一个极其敏感的年份，因为在这一年的 11 月 4 日，佛罗伦萨爆发了历史上最大规模的洪水。洪水淹没了巷弄和街道，灌入地下室和古建筑，毁掉了一大批文艺复兴时期的珍贵文物，特别是手稿。而凯萨琳·美第奇皇后的调香手稿不但神奇地幸免于难，反而因此重见天日。在法国历史上有太多精彩的皇室传奇和传奇人物，但是这位从意大利嫁来的凯萨琳·美第奇即便不是最传奇的一位，也是之一。

关于凯萨琳皇后和亨利二世的旧事不是我们认识香水的重点，我也没有太多料卖弄，但有一点：凯萨琳皇后有很多面，比如恶毒、残忍、荒淫、爱权力；即便是这样，她仍留给我们许多庇荫，比如是她从意大利带来的香水之风，格拉斯这个小地方也是在她摄政时成为欧洲香水毫无疑问的中心；再比如你现在穿的高跟鞋、束腹、束腰，都是她的得意之作；她在建筑设计和美学方面的造诣，让法国城堡和花园更美。

有了这些故事的加持，i Profumi di Firenze 复刻凯萨琳皇后调香手稿的事想不红都难。所以意大利有那么多叫美第奇的香水，只有这一支最名声远播——好莱坞对这种故事趋之若鹜。玫瑰、百合、鸢尾花，这看似简单到乏味的女香三剑客还是没有办法变化出更多的花样，但讨厌花香的我总是能闻到一股子机油味，又或者说是尘土味，非常神奇。

话说回来，翡冷翠之香的独特制香理念还是足以让人印象深刻：第一，使用天然香料；第二，小作坊手工调制；第三，对于自由调香的支持。

自从香料大工业挺进之后，人们很难再像 i Profumi di Firenze 一样身体力行地选择亲近自然。因为创始人是药剂师的缘故，品牌的调香原料最大限度地保持了天然萃取，这其中不仅仅有意大利和欧洲的香料，还收罗了全世界各知名产地的天然香料。

—

镇馆之宝凯萨琳皇后与美第奇香辛料在我家的合影，已是一旧一新两种世界

—

这是一个初阶版私人调香室的雏形

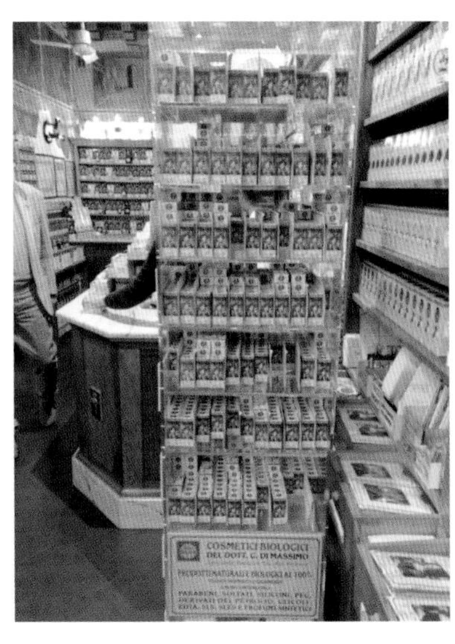

走进 i Profumi di Firenze 位于翡冷翠的小店时，我曾经一度以为自己走进了中药铺，仿佛是熬好的一小瓶一小瓶草药摆在木色柜子里，让人放松而舒服。当然，天然香料有它的问题存在，比如香料的季节性、不同年份、产地的味道颜色差异、味道种类的局限性，等等。但不知为何，写香评 8 年以来，我印象最深刻的还是面对南法一大片薰衣草田丰收时的沉醉。自然永远是走心的。

翡冷翠的药房式总店不仅提供100余种调香师预调的经典香型，而且接受客户定制的现场调香：说出你想要的味道，调香师给你独一无二的专属香气。当然，即便是已经预调好的香型，也是纯手工作坊里的手工调制、灌装、封装，每一瓶都带有调香师的体温。从某种意义上讲，这种小作坊生产远远违背了这个时代，它原想要抱有的是一种对历史的复刻、对原始和质朴的膜拜。确实，香水业的未来躺在它的过去里。

除了可以为顾客现场制香，他们还出售香精浓度为50%的单方香精、经过定香剂处理的酒精、调香工具等鼓励人们自由调制香水的生活美学。那种原始质朴的生活美学非常打动人心，就像生活匠人的概念一样，内敛而富有诗意。

香水作品方面除了之前提到的尼泊尔琥珀、凯萨琳皇后，另外几支也非常值得一试：

2000年的美第奇香辛料（Spezie de Medici），看到香料表里的肉桂、生姜、丁香、甜椒应该有很多人都吓尿了，但是千万不要怕，这是世界上最神奇最清爽的辛香调作品，是甜的，而且甜得通透。

2006年的Mirra Elemi，也是一样的神奇效果，没药和乳香怎么就变得甜美了起来呢？但你明确地知道这种甜美不仅仅是花果香，就像许晴一样。

1998年的Acqua Mirabile Odorosa di Firenze，我总是要以绿叶花香调收尾的习惯应该被发现了吧，我爱白花系跟绿叶系的结合，比如铃兰跟常春藤、百合跟黑醋栗叶，我觉得这样的轻盈可以碾压糟糕的现实，让人飘飘欲仙，也不经意暴露了东方人的爱水基因。

我喜欢翡冷翠之香的那些初心跟特质，比如大自然、质朴还有手工制造，甚至还有最初版本的金属瓶盖香水瓶。我认为这些东西虽然无法让i

Profumi di Firenze 全球扩张、如狼似虎，却可以让它成为百年老店，哪怕就一直在巷口矗立，一代又一代。品牌精神的表达应该是多元化的，无数的日本百年拉面店是我非常佩服且向往的商业形态。

所以在美国人盯上翡冷翠之香以后，它被进口到了加州，进而整个美国；前几年，一家叫 Perfume Holding 的公司收购了 i Profumi di Firenze 的股权，很多与自然、质朴不在同一方向的东西还是来了。虽然很理解意大利人的风格，但是也难免觉得有些遗憾。

这让我想到奥黛丽·赫本主演的电影《蒂凡尼的早餐》里，从小镇长大、已融入纽约纸醉金迷应招女生活的原名雷美的女主角，对前来纽约寻她回去的前夫说的那句：“亲爱的，我爱你，但我已再不是雷美。”

Belle de nuit et sa boîte
FRAGONARD
1933, Grasse
Verre, carton

格拉斯调香

For Molinard L'atelier des Parfums Winter in Taipei

献给 莫利纳尔调香室 台北的冬天

靛蓝只微褪成灰青

“嘶”

什么啊什么打在

温罗汀不问世事的长巷

听不见灰尘

只有诗人在意那些冷冷的雨

——颂元《台北的冬天》

颂元，本名张浩而，生于1984年，诗人、专栏作者，也是本书作者。

梦想中调香室的样子还是很清晰的

尽管写香评写了8年，但是进调香室调香的经验并不算多，就像写诗写了好多年，一直无法成仙一样。

虽然煞有介事地写出类似调香手记的东西，但我觉得每个人都可以成为调香人，因为只要掌握了基本技巧，出品一个不丑不臭的含酒精外用提味品并没有什么难度。

一个合格的调香作品的关键在于你有没有一个主题或者意境，以及你能否驱使香精来帮你刻画那样一个意境，甚至是超脱意境本身。这就是by Kilian说的“香水作为一种艺术”的真谛。

所以与其说你是在调香，不如说是在整理自己的思绪，确认自己想的是什么、想要的到底是什么，而香精只是一种手段，跟颜料和乐谱一样。

这一次到格拉斯，我去了法国老牌制香公司莫利纳尔（Molinard）在Hugo大街的调香室，这里的香料品质上乘，有100余种，对于我们这种初级调香者来说已经是很好的待遇。我个人在Molinard的调香大致分为寻香、试香、mix、定香、定量、陈香等步骤。

这个美死人不偿命的剪影图就是台大椰林大道的傍晚

我想表达什么？

2014年我写的一首诗：

你竟淡然活成一条直线
作别轮回式的宿命
不是冬
是秋后的另一种季节

月历已顶着12开头
细碎的叶仍旧背叛马路
长衣无毛 胎死腹中
半年前摇曳的翠碧身姿
如今只多了疲惫

靛蓝只微褪成灰青
“嘶”
什么啊什么打在
温罗汀不问世事的长巷
听不见灰尘
只有诗人在意那些冷冷的雨

在夜里
我奔走着看你
静隙里开出苔衣
污罅中满是20世纪的留泥
如在此时
有人踏过台大中线琥珀里
勃起的高林椰

便能亲见
冷冷的
潮腻的
污秽的台北冬天
正素手温一壶
熨帖的清酿

《台北的冬天》，2014

去的次数多了，总能赶上几个好天气拍拍照

作品里加了什么？

前调：薄荷、绿茶、黑醋栗子。

大爱黑醋栗子（也就是黑加仑子），让我一下子冥想到象山周围或者汐止山里常有的树香夹着草香的清爽与甘洌，那用来刻画冬天的白昼一点也不突兀。

而薄荷与绿茶则是两个温馨通透之物，我常在湿湿的冬天在位于温州街的俄罗斯茶馆莎慕瓦点一杯西伯利亚薄荷茶，慢慢地喝，一直到窗外的雨由大转小，由小转停。

中调：保加利亚玫瑰、常春藤。

保加利亚玫瑰已经耳熟能详了，我用它提拔出一些台北深秋时仍旧怒放的花卉之气。但注意，它与樱红的摩洛哥玫瑰虽然都叫玫瑰，但味道在我眼里是天差地别，樱红的摩洛哥玫瑰带有血腥的黑暗气质，而保加利亚玫瑰通常清澈而甜美。

常春藤则跟黑醋栗子有异曲同工之妙，但味道更冷清，很像是我住在台北水源时，一连下了几天淅淅沥沥的小雨，此时走出门到河边散步时闻到的哲学系墙壁上面的爬山虎，充满水的灵动和草性植物的清澈。

后调：灰琥珀、椰子、晚香玉、皮革、柑苔香精。

所谓香调中的西普调实际上源于欧洲岛国塞浦路斯的名字，如果没记错的话，香水巨头 Coty 在 20 世纪推出的一款名为塞浦路斯的香水中开先河地用佛手柑和苔藓共入一瓶，创造出经久不衰的新香型：西普调。西普调是台北冬天的底线。那些在缝隙里暗藏的苔藓、肮脏滑腻的潮湿感，西普香精是最完美的诠释者。

会用灰琥珀和皮革做底是因为灰尘。我在台大附近的温州街、罗斯福路、汀州路（简称温罗汀）附近闲晃时，无论是白天还是晚上，总是隐隐觉得空气中弥漫着一些说不清楚的灰尘气息。后来，朋友打趣我说，那哪里是什么灰尘气息，那是《蓝星诗刊》、《创世纪诗选》、茉莉书店，是杨牧、周梦蝶、余光中、痖弦、罗叶他们留下的酿过的空气，自然比较浓稠。我秒懂，那是我头脑里的灰尘，守旧迂腐的部分。更慢的情感参见林文月的《从温州街到温州街》。

椰林大道是台大最让人惦记的地方，每次半夜经过，看到暗蓝色夜幕中高大笔挺的椰林绘成的剪影，剪影的尽头是矮矮敦厚的图书馆，都觉得这个到处低矮破烂的大学像极了一个素服素面的中年妇人，家道或许可以中落，但那温婉的气质让她始终能以笑脸迎来送往，可怜可敬。

给台北的冬天找个瓶子

基于一个处女座对于买椟还珠的深刻理解，所以煞费苦心地在格拉斯寻觅了一支产于埃及的古董香水瓶，墨绿色的瓶身搭配挺拔的盖子。

就这样，我完成了一件颇为满意的作品，台北的冬天被我捉住了，塞进了瓶子里；更重要的是，这个小瓶子里将是这个世界上独一无二的冬天。

把它摆在香水柜里的那一刹那，我触电似的触碰到世界上独一无二的自己，这种机会可不怎么多。

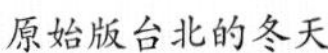

原始版台北的冬天

说说 Molinard：
“ard”三剑客里的弱势族群

位于法国南部蔚蓝海岸不远处山上的小镇格拉斯，每天接待着大巴拉来的各种各样的一日旅行团，这些人当中大部分来自法国中部和北部，带着对南法和香水制程的无限向往。

在格拉斯的每一天，都像是自己在与地中海度一场旷日持久的蜜月。

格拉斯无疑是香水世界的首都，代表着香水的历史和制造力。

16 世纪时，格拉斯最先兴起的是皮具制造业，随着贵族对于精致皮具手套的需求越加苛刻，能否消除皮具上那刺鼻的味道成了皮具销量高低的关键。因此，不少熟皮匠人开始制造香精加入其中，香味手套风靡一时，受到上流社会王公贵族的青睐。然而随着皮具制售业的没落，从前的那些匠人发现，香味成了恒久的流行，那些王公小姐们对格拉斯皮具上的各式香味依旧流连忘返。

17 世纪初，格拉斯利用天然的温湿气候优势开始大规模种植花卉，再加上南法本来就具备极其丰富的植物资源，格拉斯一下子具备了成为香料之都所需的一切天时、地利与人和。1730 年，法国第一家香精香料生产公司诞生于格拉斯。从此，香水业逐渐在格拉斯落地生根。一直到今天，那些云里雾里的带有各色调香理念的巴黎香水品牌依旧有 70% 以上是在格拉斯生产或

—

推开我阳台的门，
就是日月星辰、沉
鱼落雁跟蔚蓝海岸

者原料来自格拉斯。与巴黎那个香水创意中心相比，格拉斯在产业链上的地位要更上游一些，更脚踏实地。

如今，格拉斯仍然有非常多散落在小山间的香料厂和工作室，但是有这么三个品牌整合了产业链上下游，既服务于香水品牌的原料制程，又直接调制香水售卖给络绎不绝的各地游客，它们是嘉利玛（Galimard）、莫利纳尔（Molinard）和花宫娜（Fragonard），即所谓的“ard”三剑客。

上面是按照品牌出现的先后顺序排列的，如果按照销量排序则是Fragonard、Galimard、Molinard。但是无论按什么排序，好像本文的主角君——Molinard都排不到第一位。

旧式蒸馏设备可比今天的
电热蒸馏锅霸气多了

在 Galimard 调香室

“那你为什么要介绍它？疯了吗？”网友傻瓜糖糖小姐问。

也没什么特别的，就是感觉。

对于“ard”系香水品牌的需求当然与其他沙龙品牌是不同的：第一，来“ard”系做客难免更感兴趣的是他们提供的私人调香服务，换句话说，我们是来买原料和服务的，而不只是来买香水成品的（平心而论，如果单以调香水准论，Fragonard 确实技高一筹）；第二，来“ard”系当然是想了解更多的香水历史和文化，但前提是要有氛围。

所以 Fragonard 和 Galimard 都不合适。

Fragonard 有两处气势磅礴的博物馆，红旗招展、人山人海，那是相当受欢迎。我去过两个大馆各一次，都被挤墙角里，偶尔还伴随着中国大妈的抢买声——那其实也没什么，只不过就是觉得那里不适合有香气。没办法，Fragonard 就是名气太大、销量太好，搞得人心都静不下来，更不要说调香了，压根没有关注。

Galimard 的调香工厂 Le Studio des Fragrances 的环境是真不错，它不在格拉斯镇上，四周静谧而宽敞，调香台上有 120 多种基础香料，老师也不错，还有组团来调香的人，而且同样容量的调香服务价格更便宜。但唯一的感触就是不够庄重，或者说不够端着，Galimard 不论是价格还是架势，

实在忍不住不提这两个货
——Fragonard1933 年的鎏金香水瓶

都完完全全地奔着市场而去，那种 by Kilian 说的“香水作为一种艺术”的神秘感也荡然无存。

所以，奔着调香课程而去的话，我良心推荐 Molinard 在格拉斯小镇边缘 Hugo 大街上的古堡店。选个晴天，远离不那么繁华的小镇，到一个静僻的花园掩映下的城堡——先逛一逛 1849 年至今经过家族五代人积淀的小型香水博物馆，看看那时大名鼎鼎的制瓶大王 Lalique 和水晶大王 Baccarat 为 Molinard 特制的香水瓶，然后一转角遇到一些硕大的铜质蒸馏器皿，那里就是 Molinard 旗下的私人调香课程 L'atelier des Parfums 所在的场地了。

通常，这个调香区是不准游客进入的，再加上深具东方气质的圆形调香桌、黑白相间的地板排列、开阔的空间搭配白色帷帐、红丝绒窗帘，我觉得一个好的调香空间天生就该是如此孤独、肃静的。当然，尽量不要选择周末来这里，即便是不那么知名的Molinard，在假日还是会有不少的游人。

Molinard有一款传奇女香也值得收藏，那就是1921年首发的Habanita，搭配了黑色的Lalique特制香水瓶，古典主义的风格，经典的东方香调。Habanita我只会收着，不会拿出来用，因为实在是太古典了，就像没办法把帕格尼尼放到音乐播放器里每天听一样，大多数时候我会用Habanita来喷被子。

不过说到Molinard的香水瓶，确实有种类过多之嫌，这一点也不像沙龙香的做法，看得出来这个品牌时有时无地不甘寂寞。我比较推荐透明玻璃圆拱门形状的系列，这个系列有单方香水，复方的话也不会有太多香料堆砌，大部分少于5种。这个系列通常香水名字就直奔主题，而且量大质优，物美价廉，不论是用作个人香水还是空间香氛都非常划算。因为本来“ard”三剑客就是普通法国人的日常消费品牌，不奢侈，反倒是有些大宝天天见的意味。

说到底，不论是“ard”三剑客里的谁，身上都带着浓重的历史沉淀，更带着挥之不去的格拉斯烙印。当然，在人们普遍认为品牌时代中大势已去的格拉斯小镇，不论是Fragonard、Molinard还是Galimard，其实都面临着同一种挑战：如果格拉斯终将成为没有品牌的产业链上游参与者，那么“ard”三剑客要怎样才能自保，又或者说是自新？

这问题充满了大浪淘沙的无可奈何，却又无情地摆出“ard”三剑客已被主流市场边缘化的事实，我倒是觉得我们的生活中缺少一个像Molinard L’atelier des Parfums一样的私人调香室，做这件事，“ard”比MFK、阿蒂仙之香都更有十足的优势。

总之，祝福那些过去辉煌过的，将以至少一种方式重写昔日的辉煌。

少女与夜莺

For Serge Lutens La Fille de Berlin

献给 卢丹氏 柏林少女

SERGE LUTENS
Santal majuscule
PARIS
SERGE LUTENS
Bas de soie
PARIS
SERGE LUTENS
Chergui
PARIS
SERGE LUTENS
Fille en aiguilles
PARIS

因为我不能停步等候死神

他殷勤地停车接我

车厢里只有我们俩

还有“永生”同座

——艾米莉·狄金森

《因为我不能停步等候死神》

艾米莉·狄金森(Emily Dickinson，1830—1886)，美国传奇女诗人。

在Serge Lutens的柏林少女（La Fille de Berlin）身上，我常常看到两种截然相反的生死观，有的时候夜里经过客厅，看到暗红如静脉血的柏林少女安静地被摆在香水柜里，竟然有一种莫名其妙的敬畏感。虽然我知道，她身上带有的这两种沉甸甸的东西都很迷人，都值得我们深思，但还是不禁毛骨悚然。

一种生死观来自La Fille de Berlin的调香灵感，这柏林所指的不是现在机器轰隆、欧洲最富的德国柏林，而是1945年纳粹战败时满是断壁残垣的柏林。

我曾经在BBC看到过一篇新闻纪实报道，写的是1945年盟军开进柏林时的惨象，标题叫《柏林强奸》（*The rape of Berlin*），里面有为数不多的有关德国妇女悲惨遭遇的史料，还有一些柏林妇女被强暴后暴毙街头的照片，非常有视觉震撼力。

维基百科里在“占领德国时的强奸”这一条中，历史学家William Hitchcock给出了他估算的数字：在占领德国全境的过程中，光是被苏联军队和美国军队强暴的德国妇女就超过十万人、两百万人次，很多女性都遭到了反复强暴，最多达到70次，然后反复堕胎。

英国的军事历史学者Antony Beevor曾经感慨，1945年的柏林大强奸应该是人类历史上最大规模的强奸现象。

我跟各位一样，最初读到这些以前没有料想过的文字时，心里充满怀疑和不安，我不能接受历史上最大规模的强奸竟然是正义的盟军对纳粹德国女人做出的。读越多关于1945年柏林强奸的史料，就越震惊于人类对于仇恨的报复能力，也就越憎恨战争。

从道义上讲，这场因为纳粹德国的野心而燃起的战争硝烟里，德国的落

外貌协会资深会员，看到译者是林徽因马上来了兴致

败是在所难免的。毫无疑问的一点是，无论大兵们强奸了多少妇女，盟军依然是无可辩驳的正义之师，也正是盟军的胜利，才有了我们今天相对和谐的世界，才有了我们的小生活。

但是所有战争的本质都一样，满足的是阶级战略，牺牲的是普通百姓，特别是女性的利益。

应该说，没有一场战争因为正义邪恶已分就从此不再残酷、不再赤裸裸。

所以设想一下，如果我们生活在那时的柏林，那个 10 岁到 70 岁女性中有三分之一有过被强奸历史的柏林，而刚好我们是花季少女，我们该如何自处？又该如何在鲜血淋淋中活下来？柏林少女（La Fille de Berlin）就是在香氛的背后讲述在这样一个不为人知的时期里，不为人知的生的勇气。

另一种生死观的产生可能是因为深红玫瑰色的香水液体太美了，那如血的暗红经常令我忘了这个励志的柏林少女英勇活下来的故事，反而想到王尔德的一篇小小的童话——《夜莺与玫瑰》。

小时候看《夜莺与玫瑰》的小人书时根本不明白里面说的故事到底意味着什么，直到后来出版社出了林徽因翻译的版本，我长大之后再读才明白其中的故事。

故事说从前有一个喜欢读书的少年，他爱上了一个美丽动人的少女，可是少女却没有答应他一同出席舞会、做他舞伴的要求，反而对王子的邀约更感兴趣。

少女为了让少年死心，就开出一个条件，只要少年可以达成，就答应跟他跳舞。这个条件很简单：少年要送她一支娇艳的红玫瑰。可是那刚好是没有红玫瑰的季节。

于是少年信以为真，日日因为找不到红玫瑰而懊恼、伤心、哭泣，他天真地认为只要在玫瑰不开的季节找到了红玫瑰，少女就会答应他的一切要求，甚至愿意嫁给他也不一定。

这个少年的哭声被窗外的一只夜莺听到了，夜莺很怜悯这个哭泣的少年，希望成人之美，所以它去求红玫瑰树。但红玫瑰树说，只有玫瑰刺深刺入夜莺的胸膛时喷薄而出的鲜血，才能在没有玫瑰的季节里滋润出一朵娇艳的红玫瑰。

看着少年日渐枯槁的身形，夜莺做了个伟大的决定，它将胸膛刺向玫瑰树，静静地用生命培育出一朵红玫瑰。我觉得柏林少女（La Fille de

Berlin）香水瓶里的液体像极了殷红的血液，完全是把夜莺的死融入了进去。

后来故事的结局可想而知，那朵用夜莺的生命浇灌的红玫瑰，被少女无情地摔到地板上，懵懂的少年觉得女人阴晴不定太难搞，又开始重新醉心于做学问、读书。好像这一切从来都没有发生过一样。

我后来常把这个故事讲给我一个长得非常漂亮的表妹听，这个故事之所以充满悲剧色彩，所有不合常理的源头都是那个招男人喜欢的少女。作为漂亮的女孩，她对世界的责任之一就是对自己不喜欢的男人必须坦诚而决绝，否则，她也许就是在放任更多夜莺的惨死，而自己也未必过得多么好。

话说回来，如夜莺的鲜血一般的La Fille de Berlin却在我心里有了一种求死的从容：在夜莺的世界里，它一直在为自己的死可以换来爱情而感到欣慰，夜莺成全别人的行为虽然也是属于自利的范畴，但这跟柏林少女在1945年渴望活下来的气质一样迷人。Serge Lutens的死亡气质在这支香水里简直达到了无与伦比的顶峰。

一瓶简单的La Fille de Berlin，让战后的柏林走进我的视野，如果不是Serge Lutens想要把这个故事通过香氛讲给世界听，那么我可能直到现在也不会关注1945年的柏林到底发生了什么，在那些通常被写入正史的男性背后，女人们在彼时彼刻过着怎样的生活。也许这么说太残酷了，日本人某种程度上就是因为缺少像柏林一样的经验，才会草率地认为战争与和平之间的成本差异并没有多高，所以直到现在还惦记着战争。

但同时，气味浓重的玫瑰和夜莺血一样的色彩让我联想到的故事则似乎更深刻地影响着我的为人处世、我的生活，甚至是周遭亲人的处事方式，只要La Fille de Berlin在那里站着，我就不会忘记那些为了成全别人而自我牺牲的生灵，希望谎言和轻率永远不会因为自己而发生。

—

当然，据传它还是股民最喜爱的沙龙香之一

一瓶香水带来这些，真的已经够多了——柏林少女和夜莺——香气与你的人生交织、纠缠之后，总是能绘出一幅奇妙的记忆画卷，让你赞赏：怎么那么美！

说说 Serge Lutens：我们去往共同的死亡

我从心里发怵写 Serge Lutens，大概有两层原因，第一层原因是这个人和这个香水品牌是有深度、有态度的，我不确定自己是不是读到足够多的态度以介绍这个传奇创始人的故事；第二层，也是至关重要的一层原因，是因为 Serge Lutens 的良品率太高，不，应该说他们家是很难失手的，而我又不可能 70 多支都熟悉、都记得、都买来，所以有些心虚。因此，看这一篇 Serge Lutens 的人，权当是入门，那些死忠粉或死黑对于我的评价看看就好，不要太认真。

既然要写 Serge Lutens 这个独裁的香水品牌，那么就毫无疑问地要从创始人开始，但是创始人的人生实在是太过精彩，以至于我只能选择回归最简单的方式，以时间排序他的过去。

1942 年，Serge Lutens 出生在战时的法国里尔，比战争年代更恐怖的是，他是母亲与情人私通生下的孩子。按照当时的法律，与人私通的妇女和她生下的小孩应该被施以重罚。万般无奈也好，母子的自我保护也罢，自出生之后，他就一直辗转被寄养在不同的家庭里，在童年里一直更换母亲，当然，也在寻找母亲。

不寻常的童年过去以后，14 岁的他在当地做起了学徒工，而说出来也多少有些不那么高大上，他在当地发廊成了一名洗剪吹。当然，在他的洗剪吹时代发生了一件足以影响其一生的事：他得到了一台相机，开始给客人拍照片。据他自己回忆，在那两年中，相机几乎成了他的武器，不是去伤人，而是帮助他体察虚假的优雅与真正的优雅之间的细微差别。在发廊里胡乱拍摄的日子，成了 Serge Lutens 数年之后的转折点，以无心插柳之姿成就了此后的他。

但因为当时法国仍旧有男人被征入伍的法令，所以他在 18 岁时加入法国军队，当时仍旧如火如荼的阿尔及利亚战场，给了他欣赏死亡更加微距的视角。

20 岁时，已经退伍的他做出人生中最重要的决定：离开家乡里尔，去巴黎谋生。凭借着当年在发廊里的东拍西拍，他竟然打动了日后成为法国版 *Vogue* 主编的 Edmonde Charles-Roux，得以进入 *Vogue* 杂志与时尚摄影师们一起工作。从此他的人生便绽放得一发不可收拾，就像是《道林·格雷的画像》里主人公后半生的生活一样——那是种遍地开花，同时，也是种伟大享乐。

于是我们看到了一个 26 岁负责 Dior 巴黎彩妆线的 Serge Lutens；一个自制小电影，在 1974 年入围戛纳影展的 Serge Lutens；一个 1980 年加入日本资生堂，负责所有资生堂的创意和传讯，身兼彩妆总监、包装设计师、广告制片和御用摄影师的 Serge Lutens，而且他制作的资生堂广告片还获得了国际广告金狮奖。是的，我们似乎还遗漏了一些他的多元化人生。

跟 1992 年进入调香世界相比，好像以上说的这些都不重要。资生堂为他开辟了专属调香室，但依旧使用资生堂品牌；不过很快，2000 年，Serge Lutens 在资生堂的资金支持下，真正自立门户，以同名品牌出道，就像一个天生丽质、侬本多情的少妇，在经历了众多成功男人之后，终于敢于确定自己，确定未来的方向，这对于一个天生丽质又或者说是有各种天赋的人来说，应该是非常重要的决定。

因为 Serge Lutens 相对于其他沙龙香主都更有名气，也有故事，所以我在媒体上看到他的访谈特别多，多多少少也会受到他人生哲学的影响。比如他说他的世界里不存在“women”，只存在“woman”，意在说女人不能像玉米粒一样草草相加，每个女人都非常与众不同；比如他还说，香水的性别应该问香水本人，而不是问他，或者被没有欣赏力的人简单臆测；比如他还说，我们身边根本不存在什么催情香料，真正能催情的只有人，你之所以让别人动情是因为你是你，不是别人，味道只是你的一部分。

最初的几年，我能分辨得出 Serge Lutens 的风格特质，但我说不出扁方瓶也好，钟形瓶也好，规整的黑白标贴也好，到底除了简洁还有什么其他的气质在背后；后面的时间里，我收集越来越多瓶子的时候，隐隐感觉到那

我的几支爱香，请问它们
指向什么情绪？

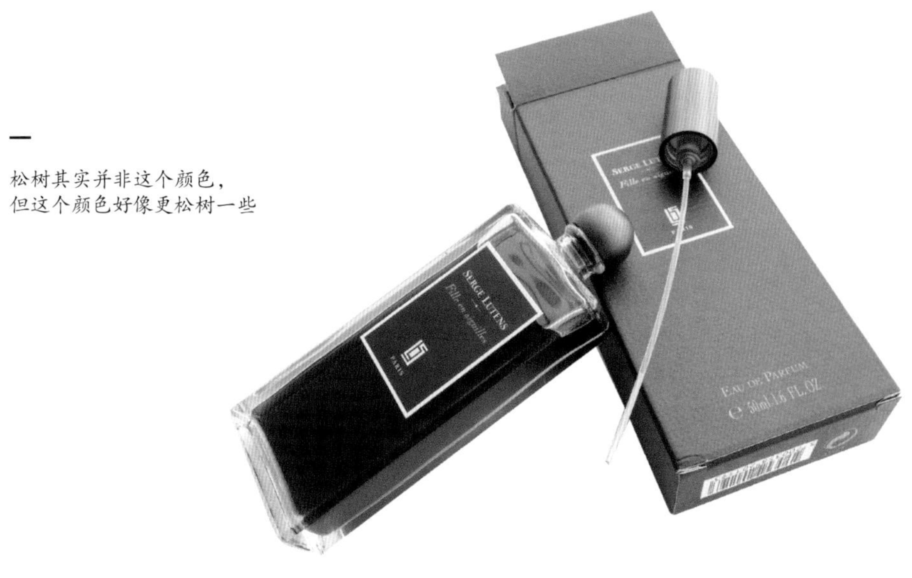

松树其实并非这个颜色，
但这个颜色好像更松树一些

种香水液体的色彩美学背后也绝不止简洁那么简单，Cuir Mauresque 的大酱烟叶色、La Fille de Berlin 的静脉血红、Fille en Aiguilles 那化不开的棕、Feminite du Bois 说不出来的芷灰，所有的色彩都不愧于出自彩妆大师之手，都指向一种情绪，但我就是说不出来。

直到某一天看到一篇采访，Serge Lutens 说他的香水的主线是死亡。我在一瞬间恍然大悟，对的，Serge Lutens 整个产品线不论是什么形状瓶子的香水，都有一种气质贯穿，那就是死亡，无一失手，这的确令人惊叹。世界上具备如此精准的死亡气质的艺术形式不多，但他用香气做到了：他一生都在追求一个母亲的形象来悼念他的出生，所以才会像一个道场里的吹鼓手一样以同样的热忱来装点死亡，也包括死亡之前的日子。

他的原话是：“当你感受到美时，你就离死更近了一些。”

我完全理解他的意思，所以才会有开头的担忧、发怵，我特别害怕自己词不达意，讲不清 Serge Lutens，讲不清什么是那个死亡，什么是自我表达的美。

每一支 Serge Lutens 背后，都有一个七七八八的故事，都是一个自我表达，跟别人，特别是市场无关。我没有篇幅可以赘述每个故事，只能说说其中印象最深的一两个。

请不要笑我，我最喜欢的竟然是柏林少女（La Fille de Berlin），怕被笑话实在是因为它绝对不是最特别的一支。就像前文说的，我喜欢它的颜色，是流淌出的静脉血未凝结之前，那血还是热的，还可以涌动；我喜欢里面的玫瑰，不是保加利亚玫瑰的白甜，是摩洛哥玫瑰的腥香；我喜欢里面的湿润辛香，不单单是胡椒，还有一种酸酸的潮湿感。它不怪僻，大多数人都可以自由穿戴。

其次要说北非东风（Chergui）。这是一支纸试与皮试差别最大的香水，却真的刚好站成两个队列。在试香纸上，它是北非的炙热，直接跳过了花香；在皮肤上，花香被酒精大肆带出，首先会产生夏夜用蒲扇乘凉时的六神气质，但是随后不久，深沉的微苦虽然迟到，还是来了，却不似纸试那么温暖，像是在那前调花香里飘散了一些似的，让人遗憾。但是这两个队列恰恰站成了一种奇妙的趣味。

再来是桂花夜语（Nuit de Cellophane）这一支，说到底这一支是不折不扣的绿叶白花调，但是因为加入了那白花中最为特别的中国桂花，所以那夜成了月夜，那方瓶成了橘色的圆盘，若有一阵风吹来，必然小碎花满地。

松林少女（Fille en Aiguilles），个人认为登峰造极。造了一个什么极，一个北方森林的极，可能是因为多产自那里的缘故，香料仿佛天生就用来描述雨林、热带花园，然而北国的干巴巴的森林们，一直无情地被忽略了。松林少女这一支，对于北国夏季松林的描述非常到位，包括那种松树的正直、率性、潇洒，一并浑然纸上。

孤女（L`orpheline），绝对是一时之选的自传体，一时之选的灰烬，一时之选的焚香，绝对是从来没有过的消失感。孤女（L`orpheline）很忠实地重现了死亡之后会发生的事，那就是我们难免都要迎来一场火浴，化为灰烬。

以上只是一小部分精彩，可圈可点的太多，不一而足了。在 Serge Lutens 的店里，我足足坐了一整个下午。

但这本书以 Serge Lutens 收尾，其实冒了很大风险：Serge Lutens 的香水，他本人只贡献想法和意境，大部分的调香工作是由 Christopher Sheldrake 先生誊写的。这其中的分寸被很多人诟病、嘲讽，所以在很多调香技术性的文献中，对于 Serge Lutens 几乎只字未提，因为他既不是合格的调香师，又不是合格的调香师的圈内好友。

但正是那种孤寂、直面死亡的气质，让这些无论谁调制的液体都散发出有机统一的生命纹路，我觉得这很符合我心中所想。从一个巨人那里，不一定要奢求一个匠人出来，只要他足够高大、细腻。

最好的 Serge Lutens 永远只在你心里，只在那个你于总店 Les Salons du Palais Royal 里耗费的一整个下午里。

我把书中的18支香做成了体验装，
扫一扫二维码关注我，我负责带你寻找。

故事都讲完了，终于可以歇一歇，松口气，期待下一本儿了。
下面小小剧透一下。

GROSSMITH
GOLDEN
CHYPRE

MONTALE

Oud Shamash
Collection Excessive

LORENZO
VILLORESI
FIRENZE
PIPER NIGRUM
EAU DE TOILETTE

D.
S.
&
DURGA

Michel Roudnitska
NOIR EPICES
FREDERIC MALLE

附录：
到底什么是沙龙香水

有感于这是一本专注于介绍沙龙香水（Salon Perfume），官方通常称其为小众香水（Niche Perfume）的香水散文书，所以我觉得自己必须在讲故事之后做一件非常重要的事：

交代清楚如何区分沙龙香水品牌与商业香水品牌。

之所以本人非常在意这样的区分并不是因为故意要挑起不同香水品牌的事端，非要分出个三六九等，而是作为香水的消费者和使用者，我们有必要知道这个世界上除了香奈儿（Chanel）、迪奥（Dior）、爱马仕（Hermes）等耳熟能详的大众化商业香水（Mass-Market Perfume）之外，还有另外一半的香水世界是我们完全未知的。

当然也因为我就是喜欢当少数派。

为了更方便地让大家对所有香水品牌做最大限度的了解，同时，又能将一个出现在你面前的没有听过的香水品牌做快速分类，我在台湾大学做香水沙龙主讲人的时候发明了一个非常简单好用的香水品牌快速分类工具——我很不谦虚地称它为HPMx香水矩阵（Haoer Perfume Matrix）。

HPMx香水矩阵主要有两个功能：

首先，让你在矩阵里为某个品牌定位时主动地、有目标地去了解这个香水品牌的关键信息；

其次，HPMx 香水矩阵可以将你收集到的这些信息归类，帮助你找到某一个香水品牌在矩阵里的确切位置，从而帮助你判断这样的品牌到底是不是你想要的。当然，这个功能得以顺利实现的前提是你要充分明白自己对于香水品牌的需求。

HPMx 香水矩阵长什么样子？就是很典型的管理学矩阵的样子：

我们分别来说 HPMx 香水矩阵的横轴和纵轴，以及一些特定区域的含义。

它的横轴表示“此品牌推出第一瓶香水的时间”。

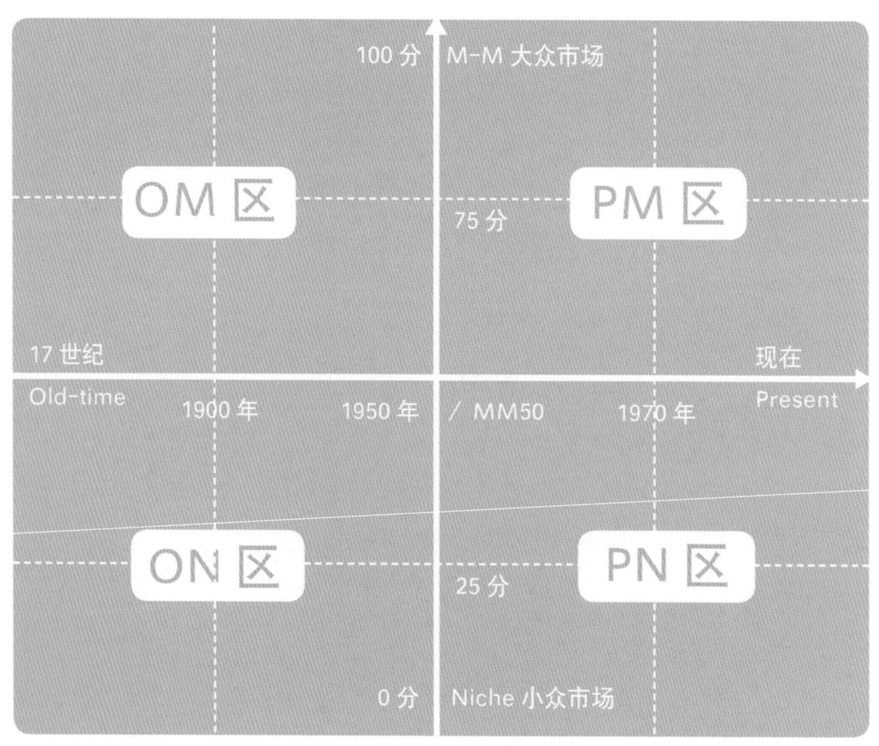

横轴的判断依据相对来说非常简单明了，唯一需要注意的是，对于一些古老的品牌而言，其品牌传承不可能保证随时间延续而不曾中断，事实上很多18世纪的古老香水品牌都在社会重大变故中中断过（如王朝更替、战争等），所以我很贴心地把判断品牌属性的时间依据设定成“这个品牌推出第一瓶香水的时间”。

横轴的极左端时间为公元17世纪，这个时间并非人类历史上第一瓶“香水”出现的时间，我们也没有必要追溯到公元个位数世纪时的香水产品，因为那时还没有品牌的概念，香水主要是为宗教祝祷服务。1600年是17世纪的开端年份，也是香水制造技术从意大利传入法国、格拉斯开始成为世界香水工业心脏的年份，此后的300年间，一批要么带有皇室尊荣、要么带有旧时代气息的古董级香水品牌相继出现，其中有一些，比如Galimard、Creed等一直存活到今天。

横轴的极右端以现在时定义，原点以1950年定义。1950年正是欧洲在二战后开始经济复苏、政治团结、人丁兴旺的时间。在马歇尔计划推进、欧洲贸易中心由英国向欧洲大陆转移等有利因素影响下，消费品特别是非必需品的市场需求开始迅速扩大，这非常容易理解——打仗的时候擦香水的人应该都是真爱吧。

战后经济复苏中，欧洲大陆出现了一大批新晋香水品牌以满足消费者日益多样化的用香需求和用香形式，比如香氛蜡烛的出现、室内扩香产品和空间香氛的出现等都是最好的证据。

横轴上还有两个非常重要的时间段，一个是1900年到二战之前，这个时间段里诞生了大部分我们耳熟能详的所谓“大牌”香水；另一个则是1970年以后到现在这一段时期里，大部分目前活跃在小众香水界的骨灰级品牌都是在这个时期初创的，我认为，正是这段法国人对于旧有商业品牌和工业化的香水制程模式的“审美疲劳”，造就了今天全世界范围内小众香水领域百花齐放的美好局面。

HPMx香水矩阵的纵轴表示“此品牌大众市场化的程度”，或者叫“商业化的程度”。

纵轴的判断依据相比横轴要复杂得多，沿着纵轴的走向由下至上，品牌的商业化程度也逐渐加深。不过人们通常会问：“我怎么知道某个品牌到底是商业香水还是小众香水？Chanel不是也有所谓的珍藏系列‘沙龙线’香氛吗？连Armani不是都出了Prive私藏系列，这些算不算小众香水呢？”

这个矩阵的纵轴位置正是为了解答类似的问题。为了使对于品牌商业化程度的判定更加准确，我又把香水的商业化程度做了更精细的指标拆分，做出了判断香水商业化程度的“香水品牌商业化评分表”。

“香水品牌商业化评分表”共包含5个一级指标，分别是推广与营销、生产与制程、外观与包装、香型集中度以及资本运作，同时这5个一级指标的下一层，又分成17个二级指标。这17个二级指标中，既有比较精确的定量指标，也有比较主观的专家定性评价指标，每个指标都有不同的权重。

通过给每一项二级指标赋分，最终加权平均得出总分的方式做出判断，根据总分最终描绘出该品牌在纵轴上的位置——其得分越高，越接近顶部，商业化程度越高，越符合“Mass—Market”大众市场香水概念；反之得分越低，其商业化程度越低，越符合“Niche”小众香水概念。

横轴与纵轴确定之后，平面自然而然呈现出四个象限，按照先横轴后纵轴的标记方式，于是出现OM区、ON区、PM区、PN区四个象限，分别代表四种不同大类的香水品牌。

HPMx 香水品牌市场化评分表			
一级指标	二级指标	权重%	指标属性
1. 推广与营销	1.1 代言人数量	8	定量
	1.2 广告投放的日常可感知度	4	定性
	1.3 官方认可的零售商数量	6	定量
	1.4 直营店数量	6	定量
	1.5 出现在主要小众香水买手店的频率	8	定性
	1.6 官方打折特卖程度	3	定性
	1.7 亚洲市场覆盖国家数量	5	定量
2. 生产与制程	2.1 委托外部代工程度	5	定性
	2.2 人工香料比例	6	定性
	2.3 调香师多元程度	4	定量
3. 外观与包装	3.1 香水瓶造型多元程度	10	定性
	3.2 过度包装倾向	6	定性
4. 香型集中度	4.1 香型集中程度	9	定量
	4.2 花果香在所有产品中的比例	8	定量
	4.3 对于流行香料的跟进速度	5	定性
5. 资本运作	5.1 可知的股权转让次数	3	定量
	5.2 从属于大型集团的时间长短	4	定性

OM 区：这个区里通常包括推出香水时间较早、市场化程度比较高的品牌，通常我们会称这类品牌为“大牌”或“奢侈品牌”。OM 区的典型香水品牌包括香奈儿（Chanel）、克里斯汀·迪奥（Christian Dior）、娇兰（Guerlain）、兰蔻（Lancôme）、浪凡（Lanvin），等等。Balmain 等意想不到的品牌也是 OM 区的，光“意想不到吧，它竟然是 OM 区里的品牌”就应该能写一本书了。

ON 区：这个区里的通常都是错过了发迹或者不屑于发迹的古老小众香水品牌，它们能活到今天，一代一代传承的品质应该是可想而知的了。ON 区里的品牌这本书里提到不少，远古一些的如 Creed、Molinard，近代一些的如Penhaligon`s、Robert Piguet，应该说了解了这个象限的品牌才算真正了解了世界上对香水最有热忱的那拨人（当然多数已经不在人世了），而不只是对用香水赚钱感兴趣的商人和美妆集团。

PM区：PM区里的应该最是不言而喻的了，这些香水品牌应该陪伴了大家的日常生活，他们出品的香水味道通常时尚而招人喜欢、香水瓶具有设计感而造型前卫吸引眼球。但是不可否认的是这些香水品牌通常很年轻，包括那些中途转行或者扩展产品线做起香水的制鞋大王、皮包大王、珠宝大王，这个象限的空间似乎越来越拥挤了。老一些的Hermes、Dolce&Gabbana、Salvatore Ferragamo、YSL、Burberry、Giorgio Armani等等；晚辈一些的KENZO、MOSCHINO、PRADA、BVLGARI、Vera Wang、CK等等；更新鲜一些的名人香水就更加数不清也不想提了。

PN区：这个区里的品牌是这本书的重点，除了上面提到的4个ON区里的品牌之外，剩下的14个都是属于PN区的。当然，它们绝对是“没什么名气”的，因为没做过广告、没列市场预算，你又不是像我一样天天关注这个领域，听过才不正常呢。不过PN区里面稍早一些的Diptyque、L`Artisan Parfumeur、Annick Goutal、Parfums de Nicolaï好像也已经拥有了好多拥趸了；当然JAR、Byredo、HEELEY、Boadicea the Victorious这些很年轻的，就真的需要多多关注才能慢慢认识、了解，我想这也是这本书最大的意义所在吧。PN区的这些活着的人，对香水本身都有着非常炽热的情怀，所以才会有不同香水品牌制香理念的百花齐放。

在这一章的最后我会放一张总图，把本书中提到的香水品牌在矩阵中的位置标出来，供大家选购香水的时候参考。

购买本身就是一种用脚投票，明白自己为什么用香水、需要什么样的品牌，这件事至关重要。

如果一个性格内敛、喜好高逼格的文艺青年去买PM区的品牌，可能连他自己都会觉得很不爽。同样的道理，一个准备买瓶香水在朋友圈里彰显时尚品位的人，如果一不小心买到PN区里的小众香水，肯定也在懊恼骂娘："花了这么多钱，却没有炫耀到。"

可见HPMx香水矩阵可以帮助大家做的简单分析还是挺关键的，让人买到自己需要的品牌的香水，少做些想退货的事。想避免做令人后悔的事、少交些学费的唯一途径就是，自己动手自己来分析。

我在这里说的品牌属性的影响由于篇幅所限并不全面，不同象限的品牌在零售价格、购买渠道甚至香精品质等方面都有比较大的差异，因为这本书是散文书，提出HPMx香水矩阵只是为了说清楚这本书的主角们的定位——小众香水品牌背后的含义——它们都来自ON区和PN区。

我写了18篇关于香水的文字，文字里是我这两年的生活状态和见闻，希望那些故事与你有些共鸣，HPMx香水矩阵这个工具的用途和用法还是留到下一本书里专门说吧。

这一章的最后，把这本书里写到的香水品牌标注在 HPMx 香水矩阵里：

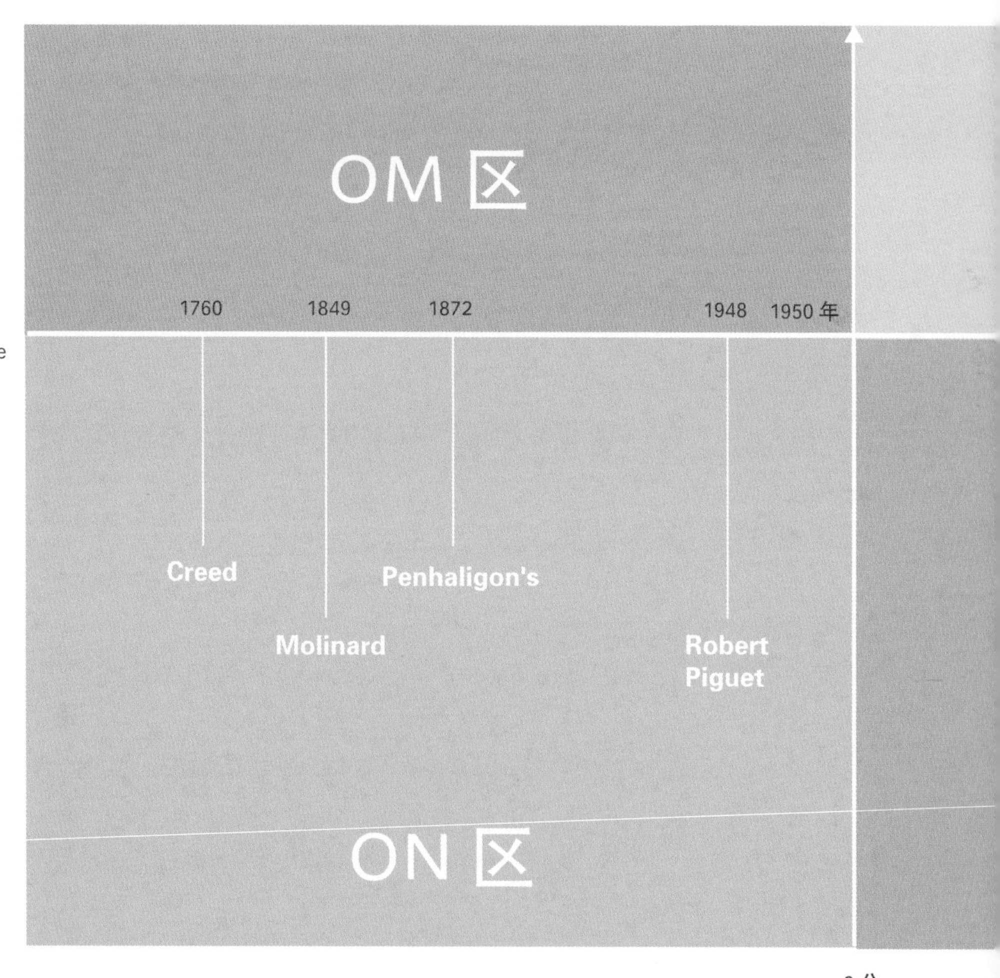

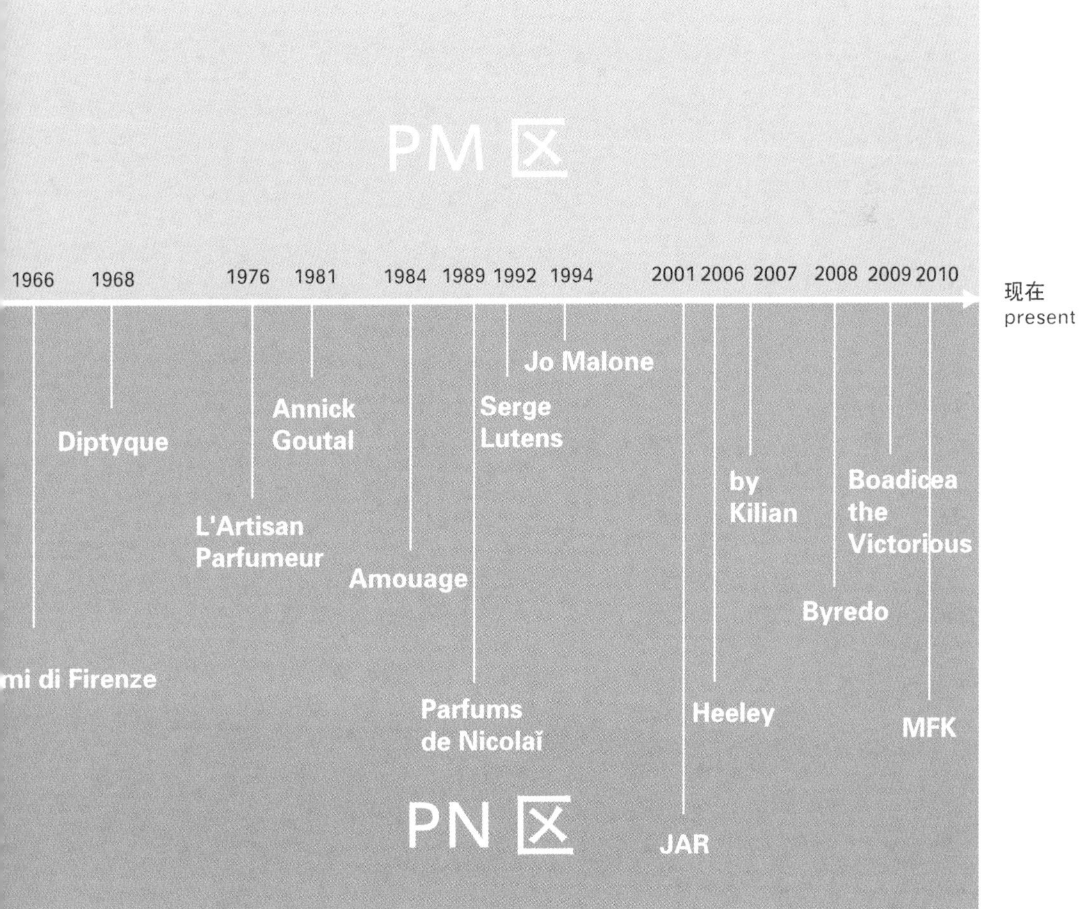
PM 区
1966
1968
1976
1981
1984
1989
1992
1994
2001
2006
2007
2008
2009
2010
现在
present
Jo Malone
Annick
Goutal
Serge
Lutens
Diptyque
by
Kilian
Boadicea
the
Victorious
L'Artisan
Parfumeur
Amouage
Byredo
mi di Firenze
Parfums
de Nicolaï
Heeley
MFK
PN 区
JAR

Niche Life

With

Niche Perfumes

图书在版编目（CIP）数据

唯有香如故 / 颂元著 . —厦门：
鹭江出版社，2016.4
ISBN 978-7-5459-1096-4

Ⅰ. ①唯… Ⅱ. ①颂… Ⅲ. ①香水—介绍—世界
Ⅳ. ① TQ658.1

中国版本图书馆 CIP 数据核字（2016）第 017715 号

WEIYOU XIANG RUGU
唯有香如故
颂元　著

出版发行：海峡出版发行集团
鹭　江　出　版　社
地　　址：厦门市湖明路 22 号　　邮政编码：361004
印　　刷：北京盛通印刷股份有限公司
地　　址：北京市经济技术开发区
经海三路18 号　　邮政编码：100176
开　　本：889mm×1194mm　1/28
印　　张：10
插　　页：2
字　　数：183 千字
版　　次：2016 年 4 月第 1 版　2016 年 4 月第 1 次印刷
书　　号：ISBN　978-7-5459-1096-4
定　　价：48.00 元